教育のためのICT活用

中川一史・苑　復傑

（改訂版）教育のための ICT 活用（'22）

©2022　中川一史・苑　復傑

装丁・ブックデザイン：畑中　猛

s-37

まえがき

　本書では，教育のおける ICT（Information and Communication Technology）との関わりについて基礎知識を幅広く扱う。情報化社会に身を置くわれわれは，情報通信ネットワークや ICT 機器，デジタル教材などのコンテンツとの関わりについて検討していく必要があり，教育の在り方が問われている。本書ではその実態や課題，展望について，深めていく。

　本書は15章から構成されているが，以下のように４つの大項目に分かれている。

◎**初等中等教育における ICT 活用**
・「オリエンテーション及び初等中等教育における ICT 活用の考え方」（第１回）
・「初等中等教育における ICT 活用〜知識・理解・技能〜」（第２回）
・「初等中等教育における ICT 活用〜思考・表現〜」（第３回）
・「初等中等教育における遠隔教育」（第４回）
・「初等中等教育におけるデジタル教科書の活用」（第５回）
・「初等中等教育におけるプログラミング教育」（第６回）
・「初等中等教育における情報モラル」（第７回）
・「初等中等教育における ICT 活用に関する教員研修」（第８回）
◎**高等教育における ICT 活用**
・「高等教育における ICT 活用」（第10回）
・「放送大学・インターネット大学」（第11回）

・「大学の授業と ICT 活用」（第12回）

・「開放型授業と MOOC」（第15回）

◎**障害のある児童生徒学生と ICT 活用**

・「障害のある子どもの教育と ICT 活用」（第9回）

・「高等教育における障害学生支援と ICT 活用」（第14回）

◎**オンライン教育における ICT 活用**

・「オンライン教育における ICT 活用」（第13回）

　このように，教育についてまずは初等中等教育，高等教育という「縦のライン」に従って理解し，その後，障害者，オンライン教育という教育と ICT をめぐる重要なテーマについて「横のライン」に学びを広げていく構成になっている。

　本書が，教育と ICT 活用についての理解を深めることの手がかりとなれば幸いである。

編者を代表して　2021年10月　中川一史

目 次

1 | オリエンテーション及び初等中等教育における ICT 活用の考え方

中川一史

《**目標&ポイント**》 15回の解説をするとともに，初等中等教育の ICT 活用の変遷について解説する。
《**キーワード**》 オリエンテーション，初等中等教育，ICT 活用，変遷

1．本科目の概要

本科目の授業の概要は以下のとおりである。

第1回（章）「オリエンテーション及び初等中等教育における ICT 活用の考え方」
・15回の解説をするとともに，初等中等教育の ICT 活用の変遷について解説する。
第2回（章）「初等中等教育における ICT 活用〜知識・理解・技能〜」
・初等中等教育において，知識・理解・技能に関してインターネットや大型提示装置，タブレット端末等の ICT 機器がどのように活用されているか解説する。
第3回（章）「初等中等教育における ICT 活用〜思考・表現〜」
・初等中等教育において，思考・表現に関してインターネットや大型提示装置，タブレット端末等の ICT 機器がどのように活用されているか解説する。

第4回（章）「初等中等教育における遠隔教育」

・初等中等教育に関して，遠隔教育に関する授業や学校での取り組みがどのように行われているか解説する。

第5回（章）「初等中等教育におけるデジタル教科書の活用」

・初等中等教育に関して，デジタル教科書に関する授業や学校の取り組みがどのように行われているか解説する。

第6回（章）「初等中等教育におけるプログラミング教育」

・初等中等教育に関して，プログラミング教育の授業や学校の取り組みがどのように行われているか解説する。

第7回（章）「初等中等教育における情報モラル」

・初等中等教育に関して，情報モラルに関する授業や学校の取り組みがどのように行われているか解説する。

第8回（章）「初等中等教育における ICT 活用に関する教員研修」

・初等中等教育に関して，各地域で行われている教員研修がどのように行われているか解説する。

第9回（章）「障害のある子どもの教育と ICT 活用」

・学校教育において特別な支援を必要とする子どもたちの学びは，多様である。本稿では，多様な障害特性を理解したうえで，それぞれの子どもの抱える困難とニーズという視点から，どのような ICT 活用が役に立つのか，実際の情報支援機器も紹介しながら考えてみたい。

第10回（章）「高等教育における ICT 活用」

・高等教育における ICT の活用は，従来の授業に ICT を利用するというだけでなく，広い社会的な意味を持っている。そうした広がりを見るために，この授業では，まず ICT がどのような特質を持っているのか（第1節），それが大学教育の理念や組織，内容，方法とどのように関わるのか（第2節），そしてそれが社会的な課題にどのように

結びつくのか（第3節），さらにICT活用のスコープの拡大を考える（第4節）。

第11回（章）「放送大学・インターネット大学」

・放送を中心とするICTを用いて教育機会を拡大する放送大学は1970年代から世界の各国で活動してきた。この授業では放送大学の代替教育機関としての役割を整理し，日本の放送大学の成立と問題点を述べ，いま拡大しつつあるインターネット大学の展開とその問題点について述べる。さらに中国における遠隔教育による成人教育の拡大メカニズムを分析する。

第12回（章）「大学の授業とICT活用」

・大学教育の質的改善にICTは大きな役割を果たすことができる。この授業ではアメリカの大学の事例をとってICT活用がどのように行われているかを概観し，日本におけるその展開を述べるとともに，特に日本の大学教育のどのような構造的特質が，ICT活用への抵抗を生んでいるかを述べる。

第13回（章）「オンライン教育におけるICT活用」

・eラーニングやMOOCなど，これまで高等教育におけるさまざまなオンライン型の教育形態においてICTが広く活用されてきた。本稿ではオンライン授業を効果的に実施するためのICT活用方法について，概観する。

第14回（章）「高等教育における障害学生支援とICT活用」

・日本の高等教育における障害者支援の変遷を概観しつつ，メディアを活用した支援の在り方を視覚障害，聴覚障害への支援を中心に学ぶ。特に学習の根幹にかかわる「読む」「聞く」「書く」「話す」の困難を乗り越えるメディア活用について理解を深めていく。

第15回（章）「開放型授業とMOOC」

・ICT 活用は，これまでの個別大学の枠を越えて教育機会を提供することを可能とする。この授業ではインターネットの利用が，大学と授業，そして学生との関係にどのような変化をもたらすかを整理し，その具体的な形態として大学におけるインターネットを用いた授業，授業や教材の大学外への公開，そして，その発展としての大規模オープン・オンライン・コース（MOOC）について述べ，最後に MOOC の可能性と課題を考える。

　以上のように，教育における ICT 環境や活用の現状と課題について，「初等中等教育の ICT 活用」「障害のある子どもの教育と ICT 活用」「高等教育の ICT 活用」「オンライン教育と ICT 活用」を視点として，学んでいくこととする。

　次節からは，初等中等教育における ICT 活用について，どのような変遷であるか解説する。

2. 1960年〜1999年の初等中等教育での ICT 環境の変化

　初等中等教育の現場には，この60年で多くの ICT 環境の変化があった。1960年代には，それまでラジオ放送だけだった学校放送がテレビでも開始された時期でもある。70年代になると，OHP（オーバーヘッドプロジェクタ）という透明のシートに文字や図表を書き，投影する機器が普及した（写真1-1，1-2）が，その後，実物をそのまま映せる実物投影機（書画カメラ）にとって代わられることになる。

　1980年代になると，児童生徒一人ひとりの状況に応じることができる CAI（Computer Assisted Instruction）が徐々に広がりはじめる。初めは主に算数や語学などのドリル的な内容が多かった。また，1989年告示学

習指導要領では，中学校の技術・家庭に「情報基礎」領域が登場した。また，ワープロを所有する教員が増加するようになり，指導案やその他書類もワープロで作成されるようになってきた。

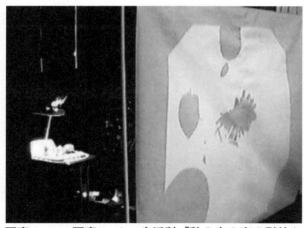

写真1-1，写真1-2　生活科「秋の木の実の影絵クイズ」2年生が1年生に出す

（資料提供：村井万寿夫氏）

　1990年代になると，インターネットの波が初等中等教育の現場にもやってくる。さまざまな公共機関や企業等がインターネット活用に関するプロジェクトを開始する。例えば，アップルコンピュータ株式会社と国際大学グローバル・コミュニケーション・センター（GLOCOM）の共同の学校間交流プロジェクト（のちに「メディアキッズコンソーシアムが運営」）である「メディアキッズ」が1994年にスタートした。ここでは，会議室と呼ばれる部屋で，「ザリガニ大研究」「小2ゆうびんきょく」などのテーマ別に交流学習を行っていた。リアリティーのある情報交換ができることから，地域の違いによる比較などの学習にも活用された（図1-1）。

図1-1　メディアキッズの会議室

（出典：Media Kids）

　同年には通商産業省（現・経済産業省）と文部省（現・文部科学省）が共同で酸性雨調査や発芽マップなどについて情報交流を展開した「100校プロジェクト」を，1996年にはNTTが「こねっとプラン」を，1999年には，先の「100校プロジェクト」の後継として「Eスクエア・プロジェクト」を開始させ，インターネットを活用した教育プロジェクトが盛んになった。

3. 2000年以降の初等中等教育でのICT環境の変化

　2000年代になると，学校放送では，新たにメディアの活用そのものを扱うような番組も登場している。例えば，2001年に小学校高学年用の教育番組として「体験！メディアのABC」，2008年には国語の授業でも活用可能な「伝える極意」を放映し，教科・領域の枠を越えて活用できるような番組も現れている。また，テレビでの視聴だけでなく，インターネットでの活用を想定した1分程度の映像素材（クリップ）も各番組に付随して公開している。

　2009年には，文部科学省からICT環境の整備などをはじめとしたスクール・ニューディール政策が進められ，地方公共団体の負担が軽減されたこともあり，デジタルテレビや電子黒板などの整備が進んだ。

　林（2012）は，これまでの教育の情報化の歴史的変遷について，表1−1のように，「情報機器の設備化（第1水準）」「情報機器の備品化（第2水準）」「情報環境のクラウド化（第3水準）」の3つの水準があると指摘している。

　そして，2010年代になり，まさにこの第3水準に進んでいる。2011年4月に発表された「教育の情報化ビジョン」では，「教育の情報化については，これまで策定された国家戦略に掲げられた政府目標を十分達成するに至らず，また，他の先進国に比べて進んでいるとは言えない状況

表1-1　教育の情報化3水準

情報化水準	整備内容	
第一水準 1.0～	情報機器の 設備化	学校で情報処理教育が行えるようにする整備であり，コンピュータ教室等の施設整備が代表である。
第二水準 2.0～	情報機器の 備品化	学校施設としてでなく，教授学習等の道具として使う備品の整備であり，普通教室等での活用が目指される。
第三水準 3.0～	情報環境の クラウド化	情報通信機器の導入が個人利用に対して十分な域に達し，ネットワーク上で知識と情報がやり取りできる環境であり，学校内外の場を結んだ学習活動の展開も可能となる。

（出典：林，2012）

にある」「我が国の子どもたちが　21世紀の世界において生きていくための基礎となる力を形成することが求められている」と，冒頭に指摘している。そのため，「学校教育の情報化に関する懇談会」を設置し，さらにその下に学識経験者，学校教育関係者などで「教員支援ワーキンググループ」「情報活用能力ワーキンググループ」「デジタル教科書・教材，情報端末ワーキンググループ」を配置し，意見交換を進めてきた。その結果，「教育の情報化ビジョン～21世紀にふさわしい学びと学校の創造を目指して～」と題して文部科学省から公開されている。

　ここでは，「21世紀にふさわしい学びの環境とそれに基づく学びの姿（例）」として，「学校においては，デジタル教科書・教材，情報端末，ネットワーク環境等が整備され，情報通信技術を活用して，一斉指導による学び（一斉学習）に加え，一人一人の能力や特性に応じた学び（個

別学習）や子どもたち同士が教え合い学び合う協働的な学び（協働学習）を推進することが期待される。」としている（図1−2）。

　総務省は，2010（平成22）年度からICT機器を使ったネットワーク環境を構築し，学校現場における情報通信技術面を中心とした課題を抽出・分析するための実証研究として，「フューチャースクール推進事業」を開始した。端末，電子黒板，校内無線LANの整備，協働教育プラットフォームの構築など，ICT環境を提供し，「ICT環境の構築に関する調査」「ICT協働教育の実証」「実証結果を踏まえたICT利活用推進方策の検討」などを進めた。特に，1人1台端末を学習で活用する新しい試みについては，今後のICTの在り方を検討するきっかけになった。

図1−2　21世紀にふさわしい学びの環境とそれに基づく学びの姿（例）
（出典：文部科学省，2011）

　2011（平成23）年度から，文部科学省が「学びの推進基盤の確立」「学びの知的基盤の確立」「若い世代の人材基盤の形成」を核として，学びのイノベーション事業を開始した。特に「学びの推進基盤の確立」では，総務省のフューチャースクール推進事業と連携してデジタル教科書・教材，情報端末等を利用した指導方法の開発や必要な機能の選定・抽出等の検証を行っている。

　これらの試みと前後して，1人1台端末の活用については，企業独自や学校単位での活用検証，地域での学校への導入など，さまざまな取組が進んでいる。その中で，学習への活用の可能性とととともに，課題についてもいろいろと見えてきている。例えば，端末自体の性能や形状の問題がある。機器によっては反応速度や持ち運びの面で，特に小学校低学年には使いづらいという報告もある。また，充電の問題やメンテナンスなど，日常の活用という面では課題が指摘されている。さらに，ICT支援員の常駐やアプリ購入，さらには情報通信ネット枠環境のクラウド化など，予算や決まりに直接からむ課題も今後解決していく必要がある。

　2020年には，GIGA スクール構想が本格的にスタートし，1人1台端末環境となっていく。これまで多くの学校で見られた学校に40台程度整備の「共有する機器」から常時1人1台の「占有する機器」に移行していったのである。

　以上，簡単に初等中等教育における教育の情報化の経緯について述べてきたが，教育の情報化を推進するためには，日常的な活用，児童生徒のスキルアップ，クラウド環境の充実，さらには教育データ活用の普及などが必要である。学習履歴等を授業の質的改善に結びつけるための仕組みも今後の課題となろう。また，研修や推進体制などの充実も同時に進める必要がある。

出典・参考文献

・林向達（2012）日本の教育情報化の実態調査と歴史的変遷，日本教育工学会研究報告集，124（4），pp.139–146
・こねっと・プラン実践研究会・編（1998）『インターネットが教室になった―「こねっと・プラン」の挑戦』高陵社書店
・文部科学省（2011）教育の情報化ビジョン〜21世紀にふさわしい学びと学校の創造を目指して〜
https://www.mext.go.jp/component/a_menu/education/micro_detail/__icsFiles/afieldfile/2017/06/26/1305484_01_1.pdf（2021.01.31取得）
・中川一史（1998）『教室と子どもたちとインターネット』あゆみ出版
・NHK for School, http://www.nhk.or.jp/school/（2021.01.31取得）
・NHK放送史
https://www2.nhk.or.jp/archives/tv60bin/detail/index.cgi?das_id=D0009060036_00000（2021.01.31取得）
・新谷隆・内村竹志（1996）『めでぃあきっずの冒険』NTT出版

2 | 初等中等教育における ICT 活用 ～知識・理解・技能～

中川一史

《目標＆ポイント》 初等中等教育において，知識・理解・技能に関してインターネットや大型提示装置，タブレット端末等の ICT 機器がどのように活用されているかについて解説する。
《キーワード》 初等中等教育，ICT 活用，知識・理解・技能

1．知識の習得や理解の促進としての ICT の活用

　知識の習得や理解の促進において，一斉学習の場面で特に有効なのは，プロジェクタやデジタルテレビ，電子黒板，実物投影機などの ICT 機器の活用である。また，個別学習や協働学習の場面では，端末を使って，繰り返しの問題を解いたり，課題に対する考えを学級全体で共有したりする活用例も見られるようになってきている。

　文部科学省が2020年に公開した「教育の情報化に関する手引（追補版）」第4章「教科等の指導における ICT の活用」によると，学校における ICT を活用した学習場面として，10の活用場面を示している（図2-1）。この中で，A1：教師による教材の提示，B1：個に応じた学習，B2：調査活動，B5：家庭学習などは，主に知識の習得や理解の促進としての ICT の活用に関する項目であると思われる。

　「教師による教材の提示（A1）」であるが，例えば，国語科説明文教材の授業では，写真を部分的に隠して興味を引いたり，動画で本文の内容の情報の補完をしたりできる。大型提示装置は，「児童・生徒のノー

図2-1　学校における ICT を活用した学習場面

（出典：文部科学省，2020）

トやワークシートを大映しにして情報を共有化する」「デジタル教材を
提示して理解すべきところを焦点化する」「児童・生徒が普段体験でき
なかったり見ることができなかったりするものやことについての映像の
提示ができる」などの場面で効果的である。算数・数学の授業において
は，ノートやワークシートを投影し，図表の目盛りの一部を大きくする
ことによって，視線がそこに集中する。また，社会科の教科書の資料の
写真などを拡大提示することによって，児童・生徒の視線が集まった
り，発言が活発になったりして焦点化や共有化を図ることができる。

　また，指導者用デジタル教科書やデジタル教材の活用であるが，例え
ば，小学校国語科において，これまでは「何ページの何行目を指さし
て」と教師が言っても見つけにくかった児童も，指導者用デジタル教科
書・教材にサイドラインを引くことで視線を集めることができる。ま

た，叙述だけではなく，挿絵を大きく映して言葉と関連付けるような学習も行われるようになってきた。以下のような学習活動ができるようになる。

・言葉や文の意味を確かめたり，イメージを具体化したりすることができる
・叙述を読む前に興味関心を高めたり，内容を予想させたりすることができる
・登場人物の心情や場面の背景を想像させることができる
・挿絵を使って，物語の展開を確認することができる

「個に応じた学習（B1）」であるが，まず，反復練習などへの活用が考えられる。例えば，国語科の漢字の学習や算数・数学の計算問題等では，すぐに正誤を示したり，ランダムに問題提示ができたりと，より興味・関心を持たせることができる。単にノートに繰り返し練習するのではなく，デジタル教材等を活用することにより，書き順の習得の際，アニメーションの再生スピード調整機能で個々に対応したり，漢字の起源をシミュレートできたりする。また，生活科でトマトの観察をする授業では，観察の文章を端末で書き込んで校正を行ったり，大型提示装置に写真や資料を映して発表したりすることもできる。

「調査活動（B2）」であるが，社会科や理科では，情報通信ネットワークを活用して，教科書や資料集以外の情報を収集することで，調べていることの裏付けにしたり，情報を補完したりすることができる。

先の手引では，中学校の各教科等における ICT を活用した教育の充実，総合的な学習の時間での活用例の「①情報を収集する場面」として，「自らの課題の解決のためには，必要な情報を収集することが欠か

せない。生徒は，自分が見たこと，人から聞いたこと，図書で調べたことやマスメディアからの情報に加え，インターネット等を介して必要な情報を集めていくことが考えられる(B2)。また，調査活動においては，ワークシートなど手書きの記録と併せてデジタルカメラやデジタルビデオカメラ，タブレット型の学習者用コンピュータやIC レコーダーなどを用いて，情報をデジタル化して記録していくことが考えられる(B2)。その際，それぞれの長所や短所は何であり，目的や場面に応じて活用する情報機器をどのように使い分けるのかというような適切な選択・判断についても，実際の探究を通して習得するようにしたい。また，インターネットからの情報を丸写しすれば学習活動を終えた気になってしまうことのないよう，実際に相手を訪問し，見学や体験をしたりインタビューをしたりするなど，従来から学校教育においてなされてきた直接体験を重視した方法による情報の収集を積極的に取り入れることが大切であることは言うまでもない。」として，多様な情報源や情報収集の方法の模索の必要性を示している。

　「家庭学習（B5)」であるが，家庭に持ち帰り，端末の活用が図られるようになってきた。例えば，国語や算数・数学の反復練習のときに，探究の目的に合わせたデータ処理，グラフ作成や規則性の発見時に，個々のペースで学習を進めることができる。また，オンライン学習にも有効である。

2.　技能の習得のための ICT の活用

　技能を習得するための ICT の活用としては，「デジタル教材で模範例を何度も見る」「ビデオを活用して演示や動きを確認する」などの活用が考えられる。

　例えば，ある小学校の体育科の跳び箱運動では，これまでは自分の行った技を見て振り返ることが十分にできなかった。しかし，端末の撮影機能を使って，自分の技を確認することができるようになった。さらに，技や動きを高めるため，情報を根拠に友だち同士でアドバイスし合うこともできる。図画工作科の授業では，これまでは何かを指導したいときに教師の周りに児童生徒を集めるなどしていた。しかし，例えば，パレットの使い方について，実物投影機や教師用端末を使い演示を行えば，わざわざ児童生徒を集める必要がなくなる。家庭科の授業では，本返し縫いと半返し縫いについて，教師が作成した自作デジタル教材（動画）を何度も見ることで，改善すべき箇所を確認することになり，技能の習得を補助することができる。

　このほかにも，算数科では三角定規や分度器の使い方や国語科の書写の筆使い，理科ではアルコールランプなど実験器具の使い方，音楽科ではリコーダーの指使い，家庭科での皮むきの方法など，教室前面に児童生徒を集めなければ説明しにくかったことが，席についたままで，手順等を確認させられる。

　このように，技能の習得のための ICT の活用では，一斉学習で教師が提示する場面も考えられるが，各自の端末で児童生徒が自分で判断し，活用することもありうる。技能習得のための ICT 活用としては，①モデルやサンプルの映像を見て検討する，②デジタルカメラや端末で撮ったもので討論する，③シミュレーションソフトなどを活用して考え

る拠点にする，などがあげられる。③については例えば，ボール運動の
チームの動きを端末上でアプリやNHK for school等のコンテンツを使
って検討するなどが考えられる。

3. 活用の留意点と今後の課題

　本節では，ICT活用の際の留意点と今後の課題について，述べていく。

（1）授業設計を見直す

　知識の習得や理解の促進としてのICTの活用，技能の習得のための
ICTの活用について述べてきたが，例えば，体育科の授業で自分の動き
を端末で撮影したり，家庭科の授業で，デジタル教材を繰り返し視聴さ
せたりすれば，技能が習得できるようになるかというと，そうではな
い。児童生徒の課題になる部分についての実態を把握し，何のために撮
影させるのか，どのようなアングルで撮れば後で振り返ることができる
のか，どのような働きかけや発問をしながら提示するのかなど，授業設
計の工夫が必要である。

（2）ひと手間かけて操作する

　初等中等教育での教室に配備されたデジタルテレビは，40～50インチ
が多い。そうなると，デジタルテレビ自体は鮮明に映るが，文字情報等
を提示する場合は，40～50インチという大きさは「少人数での画面とし
ては大きいが，教室全体で細部まで見るためには小さいサイズ」である
と言える。ひと手間かけて拡大の操作をするような工夫が必要である。

（3）見せたらわかるわけではない

　動画をやみくもに提示することで，児童生徒に「見せたらわかる」と

いう思い込みで一方向的な授業になることにも，授業者は十分に留意する必要があると考える。ICT での提示は消えてしまうことを前提に，何を紙で掲示したりノートに書かせたりするのか，何は ICT で提示するのか，その選択と組み合わせについても十分吟味する必要がある。さらに，実験や観察，実習や見学，実技・演技を行う上でデジタル教材は何をどのように担うのか，など，それぞれの役割を十分に検討していくことも重要である。

（4）個々の児童生徒の状況を把握する

　端末の活用にも留意点がある。一人ひとりが端末を持つということは，個別学習時に，個々の進度に合わせて学習できるだけでなく，一斉学習時にも，一人ひとり独自に書き込みをしたり，拡大・縮小したりするということである。紙と違い，動画なども提示することができ，問題を解く場面の活用以外に，資料やヒントを参照することができる。その一方で，教師が一斉学習を進める中での個に応じた取り組みの把握と指導をどのように進めるのかについて，授業設計段階で留意することが重要であると考える。

（5）校内の情報推進担当者のやるべきことを検討する

　ICT 機器は，量的にも充実していたほうがよいことは間違いないが，限られた ICT 機器環境の活用頻度をいかに上げていくかは，特に情報推進担当者にとっては重要な課題となる。配置箇所やその方法などについて工夫や配慮が必要となる。身近にある機器を使っていくことで，教師にとっても児童生徒にとっても操作や使い方に慣れていくこともある。同時に，校内や地域で研修などを通して，操作スキルだけでなく活用の効果や留意点などについて理解することが重要である。

出典・参考文献

・文部科学省（2020）教育の情報化に関する手引（追補版）
　https：//www.mext.go.jp/content/20200622-mxt_jogai01-000003284_001.pdf
　（2021.01.31取得）

3 | 初等中等教育における ICT 活用 ～思考・表現～

中川一史

《目標＆ポイント》 初等中等教育において，思考・表現に関してインターネットや大型提示装置，端末等の ICT 機器がどのように活用されているか解説する。
《キーワード》 初等中等教育，ICT 活用，思考・表現

1. 思考を深め・広げるための ICT 活用

　第2章でも紹介したように，文部科学省が2020年に公開した「教育の情報化に関する手引（追補版）」第4章「教科等の指導における ICT の活用」によると，学校における ICT を活用した学習場面として，10の活用場面を示している（図3-1）。この中で，個別学習の例として，B3：思考を深める学習（シミュレーションなどのデジタル教材を用いた思考を深める学習），協働学習の例として，C2：協働での意見整理（複数の意見・考えを議論して整理），C4：学校の壁を超えた学習（遠隔地や海外の学校等との交流授業）などは，主に思考を深め・広げるためのICT活用に関する項目であると思われる。

　端末を活用した学習場面では，デジタル教材を用いて端末に自身の考えを書き込んだり，必要な図表などのデータを加えて検討したり，保存して前に調べたものと比較したり，考えを発信して情報を共有したりするなど，これまでの紙のノートやワークシートとは違うデジタルノートとしての活用が可能となる。また，意見整理などの場面で，端末を活用

図3-1　学校におけるICTを活用した学習場面

（出典：文部科学省，2020）

して資料の一部を画面上で拡大したり，書き込んだり，教室にある大型
提示装置に転送してクラス全体で共有したりすることができる。さら
に，情報通信ネットワークを使った交流授業において，相手にわかりや
すく資料を提示する工夫を考えたりすることができる。このように，児
童生徒の考えを可視化・共有するのに，有効である。

　「思考を深める学習（B3）」であるが，先の手引では，「例えば，シミ
ュレーションなどのデジタル教材を用いた学習課題の試行により，考え
を深める学習を行うことが挙げられる。試行を容易に繰り返すことによ
り，学習課題への関心が高まり，理解を深めることができる。また，デ
ジタル教材のシミュレーション機能や動画コンテンツ等を用いることに
より，通常では難しい実験・試行を行うことができる。」としている。
国語の物語づくりで，マッピングなどの思考ツールを活用しながら，「誰

が，いつ，どんなところで」と，どんどんイメージを広げて，書き出す場面などで端末を活用できる。友だちから質問を受けることで，さらに物語の構成を練り，カードを書きかえていく。紙では消したり書いたりする際に手間がかかるが，端末を使うと，ストレスなくカードを操作できる。

　「協働での意見整理（C2）」であるが，「端末や大型提示装置に，グループ内の複数の意見・考えを書き込んだスライドやカードを見ながらグループで議論する場面」，「端末や大型提示装置に，グループ内の複数の意見・考えを書き込んだスライドやカードを整理したり動かしたりしながら友達に考えを説明する場面」，「クラウドを活用するなどして，学習課題に対する互いの進捗状況を把握しながら作業することで，共同作業スペースで，意見交流や意見交換を行う場面」などが考えられる。例えば，クラウドを活用して，グループで設定した課題に対する探究の過程や成果をまとめたスライドについて，アプリ内のコメント機能を活用したり，直接対面で協議したりすることを通して，全体の構成や個別のスライドについての意見交換を行うことができる。

　「学校の壁を超えた学習（C4）」であるが，「インターネットを活用して，遠くの地域の学校と交流や情報発信などを行う場面」，「インターネットを活用して，専門家等との交流や情報発信などを行う場面」，「オンライン授業により，学校と家庭を結ぶ場面」などが考えられる。例えば，小学校の総合的な学習の時間で，お互いに自分たちの住んでいる県について，有名なスポットや食べ物，ご当地キャラクターなどについて調べ，学習をした成果について，Web 会議を活用しながら発表し合うことで，県についての理解を深めるとともに，自分が探究したテーマについてまとめる力や表現する力がつくようになる。また，学校と家庭を結ぶ場面の例としては，小学校において，1 人 1 台の端末を持ち帰り，

家庭の wi-fi に接続し，同期型オンライン朝の会と非同期型遠隔学習を行うなどが考えられる。臨時休業期間中の生活リズムを整え，つながりを保つことを目的として，オンライン朝の会を実施し，健康観察の後，今日の体調や，何時に起きたかなどをチャットに書き込んでももらったり，連想ゲームや絵のしりとりなどをしたりして，朝のウォーミングアップを行ったなどの例もある。

2. 表現するための ICT 活用

先の手引によると，表現するための ICT 活用として，個別学習では，B4：表現・制作（マルチメディアを用いた資料，作品の制作），協働学習では，C1：発表や話合い（グループや学級全体での発表・話合い），C3：協働制作（グループでの分担，協働による作品の制作）などの例が示されている。

「表現・制作（B4）」であるが，リーフレット・パンフレット，新聞などの制作場面においても，例えば，端末を活用して作業を行うと，「加工・修正が可能である」「試行錯誤が自在である」「本物感覚で制作できる」などのメリットがある。また，1人1台端末を活用して，一人ひとりが作品や資料を作成することができる。

「発表や話合い（C1）」であるが，単に資料を示すだけでなく，端末と大型提示装置を活用すると，複数の資料をテンポ良く順に提示したり，強調すべき箇所を拡大したり，図表の上に書き込んだりすることができる。例えば，小学校の総合的な学習の時間において，目や耳が不自由な人，体が不自由な人などについて，本やインターネット，実態調査などをして調べたことをプレゼンテーションソフトで自分の端末にまとめて，学習発表会で発表しているなどが考えられる。同じテーマ同士で調べることで，自分たちのテーマについての理解を深めるとともに，違

うテーマの発表を聞くことで，福祉についての見方・考え方を広げられる。また，声の大きさや目線など，相手を意識して発表する力が育つ。

「協働制作（C3）」であるが，先の手引では，「例えば，学習者用コンピュータを活用して，写真・動画等を用いた資料・作品を，グループで分担したり，協働で作業しながら制作したりすることが挙げられる。グループ内で役割分担し，クラウドサービスを活用するなどして，同時並行で作業することにより，他者の進み具合や全体像を意識して作業することが可能となる。また，写真・動画等を用いて作品を構成する際，表現技法を話し合いながら制作することにより，子供たちが豊かな表現力を身に付けることが可能となる。」としている。

このような協働的な学びの指導のポイントについては，2020年度全面実施の小学校学習指導要領解説　総合的な学習の時間編において，「他者と協働して主体的に取り組む学習活動」について，(1)多様な情報を活用して協働的に学ぶ，(2)異なる視点から考え協働的に学ぶ，(3)力を合わせたり交流したりして協働的に学ぶ，(4)主体的かつ協働的に学ぶ，の4つをあげている。これまで述べてきたように，いずれの場面においても，1人1台の端末をはじめ ICT は有効に活用できるものと思われる。

3.　活用の留意点と今後の課題

これまで述べてきたように，思考を深め・広げたり，表現したりするために ICT 活用は寄与できると考えるが，留意すべき点もある。

（1）ICT は One of them である

ICT を使ってさえすれば，授業が成立するというわけでない。1人1台の端末を使っていることにこだわりすぎてグループでの話し合いが行われずに個々の端末の画面から目が離れないでいたり，大型提示装置に

すべての資料を次から次へと出して児童生徒がメモも取れずに授業が終わると何も残っていなかったりすることも起こりうる。また，小学校低学年が長い文章を端末で書く（入力する）ことなどは時間もかかり，そもそも児童に負担をかけてしまう。このような場合は，紙のワークシートで行うのが適切であろう。

以上のように，思考・表現のための ICT 活用には，ノート，ワークシート，黒板，実物などとの ICT と非 ICT の選択と組み合わせの検討が重要である。

（2）学習活動そのものの指導・助言が重要である

発表場面において，たしかに ICT を活用すると効果を期待できる。しかし，どのように説得できる資料を作るのか，発表する相手をどこまで意識した発表になっているのか，原稿を棒読みしないような発表の練習をしているか，何を提示すると納得してもらえるのか，などを意識させるような発表活動そのものに関しての指導・助言が必要である。

（3）校内の ICT 環境の工夫を

効果的ではある ICT 機器も，準備等が大変な負担になるなど，使いにくい環境にあっては何にもならない。例えば，児童生徒個々の端末はどこにどのように置かれている状況なのかを考えてみよう。充電保管庫に入りっぱなしになっていないでいつも使えるようになっているだろうか。情報通信ネットワーク環境は充実しているだろうか。いつでもどこでも誰でも使えるようにしておくことが重要である。

出典・参考文献

・文部科学省（2020）教育の情報化に関する手引（追補版）
https：//www.mext.go.jp/content/20200622-mxt_jogai01-000003284_001.pdf
（2020.02.28取得）

4 | 初等中等教育における遠隔教育

中川一史

《目標＆ポイント》 初等中等教育に関して遠隔教育に関する授業や学校の取り組みがどのように行われているか解説する。
《キーワード》 初等中等教育，ICT活用，遠隔教育

---

1. 遠隔教育とは何か

　文部科学省が2019年に公開した「新時代の学びを支える先端科学技術活用推進方策（最終まとめ）」によると，「時間や距離の制約から自由になることが増え各場面における最適で良質な授業・コンテンツを活用することができることで期待される効果」として，以下の4点をあげている。

❶　社会の多様な人材・リソースの活用による最先端の知見の活用
❷　遠隔技術を活用した，多様な人々との学び合いによる社会性を涵養_{かんよう}する機会や多様な意見に触れる機会の増加
❸　外国人の子供等に対する多言語翻訳システムの活用や病気療養児に対する遠隔技術の活用による，多様な学習方法の支援
❹　学習障害をはじめとした支援を要する子供に応じた，先端技術を活用した教材の提供による個々に応じた学びの支援

　これらについては，まさに遠隔教育で解決できるところも少なくない。また，遠隔教育のメリットとしては，遠隔教育の推進に向けたタス

クフォース（2018）「遠隔教育の推進に向けた施策方針」では，「小規模校・少人数学級への対応」（教員数が少ないことによる対応，交通の便が悪いことによる対応，複式指導に関する対応）と，「学習効果の期待」（多様な意見や考えに触れられる，コミュニケーション力や社会性が養われる，離れた場所にある学習資源を生かせる，課題意識や相手意識を高められる）をあげている。学校の実態に応じて，積極的に有効活用していくことが重要である。

2．遠隔教育の分類

　文部科学省から2020年に公開された「遠隔教育システム活用ガイドブック（令和2年度遠隔教育システム導入実証研究事業）第2版」によると，遠隔教育の分類として，10パターンに分類している（表4-1）。

表4-1　遠隔教育の10の分類

「遠隔教育の推進に向けた施策方針」での遠隔教育の類型	本書における遠隔教育の分類
合同授業型	A1 遠隔交流学習
	A2 遠隔合同授業
教師支援型	B1 ALTとつないだ遠隔学習
	B2 専門家とつないだ遠隔学習
	B3 免許外教科担任を支援する遠隔授業
教科・科目充実型	B4 教科・科目充実型の遠隔授業
その他（個々の児童生徒への対応）	C1 日本語指導が必要な児童生徒を支援する遠隔教育
	C2 児童生徒の個々の理解状況に応じて支援する遠隔教育
	C3 不登校の児童生徒を支援する遠隔教育
	C4 病弱の児童生徒を支援する遠隔教育

（出典：文部科学省（2020）遠隔教育システム活用ガイドブック第2版）

（A）「多様な人々とのつながりを実現する遠隔教育」については，離れた学校とつなぎ児童生徒同士が交流し，互いの特徴や共通点，相違点などを知り合う（A1）「遠隔交流学習」，他校の教室とつないで，継続的に合同で授業を行うことで，多様な意見にふれたり，コミュニケーション力を培ったりする機会を創出する（A2)「遠隔合同授業」がある（図4-1）。

（B）「教科等の学びを深める遠隔教育」については，他校等にいるALTとつないで，児童生徒がネイティブな発音に触れたり，外国語で会話したりする機会を増やす（B1）「ALTとつないだ遠隔学習」，博物館や大学，企業等の外部人材とをつなぎ，専門的な知識に触れ，学習活動の幅を広げる（B2）「専門家とつないだ遠隔学習」，免許外教科担任が指導する学級と，当該教科の免許状を有する教員やその学級をつなぎ，より専門的な指導を行う（B3）「免許外教科担任を支援する遠隔授業」，高等学校段階において，学外にいる教員とつなぐことで，校内に

図4-1　A：多様な人々とのつながりを実現する遠隔教育
（出典：文部科学省（2020）遠隔教育システム活用ガイドブック第2版）

B　教科等の学びを深める遠隔教育

遠方にいる講師等が参加して授業を支援することで、自校だけでは実施しにくい専門性の高い教育を行います。

B1　ALTとつないだ遠隔学習

他校等にいるALTとつないで、児童生徒がネイティブな発音に触れたり、外国語で会話したりする機会を増やす。

B2　専門家とつないだ遠隔学習

博物館や大学、企業等の外部人材とをつなぎ、専門的な知識に触れ、学習活動の幅を広げる。

B3　免許外教科担任を支援する遠隔授業

免許外教科担任※2が指導する学級と、当該教科の免許状を有する教員やその学級をつなぎ、より専門的な指導を行う。

B4　教科・科目充実型の遠隔授業※3

高等学校段階において、学外にいる教員とつなぐことで、校内に該当免許を有する教員がいなくても、多様な教科・科目を履修できるようにする。

図4-2　B：教科等の学びを深める遠隔教育
（出典：文部科学省（2020）遠隔教育システム活用ガイドブック第2版）

該当免許を有する教員がいなくても，多様な教科・科目を履修できるようにする（B4）「教科・科目充実型の遠隔授業」がある（図4-2）。

（C）「個々の児童生徒の状況に応じた遠隔教育」については，外国にルーツをもつ児童生徒等と日本語指導教室等をつなぎ，日本語指導の時間をより多く確保する（C1）「日本語指導が必要な児童生徒を支援する遠隔教育」，個々の児童生徒と学習支援員等を個別につなぎ，児童生徒の理解状況に応じて，学習のサポートを行う（C2）「児童生徒の個々

C 個々の児童生徒の状況に応じた遠隔教育

特別な配慮を必要とする児童生徒や、特別な才能をもつ児童生徒に対して、遠方にいる教員等が支援することで、それぞれの状況に合わせたきめ細かい支援を行います。また、一人一人の児童生徒がそれぞれ教員等とつながることで、それぞれの興味関心に寄り添った指導を行います。

C1 日本語指導が必要な児童生徒を支援する遠隔教育

外国にルーツをもつ児童生徒等と日本語指導教室等をつなぎ、日本語指導の時間をより多く確保する。

C2 児童生徒の個々の理解状況に応じて支援する遠隔教育

個々の児童生徒と学習支援員等を個別につなぎ、児童生徒の理解状況に応じて、学習のサポートを行う。

C3 不登校の児童生徒を支援する遠隔教育

自宅や適応指導教室等と教室をつないで、不登校の児童生徒が学習に参加する機会を増やす。

C4 病弱の児童生徒を支援する遠隔教育

病室や院内分教室等と教室をつないで、合同で授業を行うことで、孤独感や不安を軽減する。

図4-3　C：個々の児童生徒の状況に応じた遠隔教育
（出典：文部科学省（2020）遠隔教育システム活用ガイドブック第2版）

の理解状況に応じて支援する遠隔教育」，自宅や適応指導教室等と教室をつないで，不登校の児童生徒が学習に参加する機会を増やす（C3）「不登校の児童生徒支援する遠隔教育」，病室や院内分教室等と教室をつないで，合同で授業を行うことで，孤独感や不安を軽減する（C4）「病弱の児童生徒を支援する遠隔教育」がある（図4-3）。

　次に遠隔教育の接続形態であるが，大きく分けると，教師が複数の教室での授業をつなぐ場合と，専門家等が遠隔の場所から協働で授業を行う場合がある。さらに，教師が複数の教室での授業をつなぐ場合にも，学級対学級の場合（図4-4）とグループ単位での交流（図4-5）がありうる。また，規模としても，多数対少数の場合とほぼ同じ人数の場合がある。また，専門家等が遠隔の場所から協働で授業を行う場合にも，学級の児童生徒全員対象の場合（図4-6）と特定の児童生徒個人やグループ対象の場合（図4-7）がある。さらに，専門家が講義をすることが中心の場合と，演習の形をとり質問対応が主になる場合がある。

　専門家とつないだ遠隔の学習では，博物館や役所などの公的機関はじめ，研究者，地域の方などが考えられる。また，特別な配慮を必要とす

各校の教室同士がつながる接続形態です。
両校の児童生徒同士で学び合う遠隔教育の場合に、このような接続形態がとられます。

図4-4　教室―教室接続（学級対学級）型イメージ
（出典：文部科学省（2020）遠隔教育システム活用ガイドブック第2版）

児童生徒（個人やグループ）が、他校の児童生徒と個別につながる接続形態です。
児童生徒同士で話し合う場合などに、このような形態がとられます。

図4-5　教室―教室接続（グループ対グループ）型イメージ
（出典：文部科学省（2020）遠隔教育システム活用ガイドブック第2版）

る児童生徒を支援する遠隔教育では，日本語指導が必要な児童生徒を支援する遠隔教育児童生徒の個々の理解状況に応じて支援する，不登校の児童生徒を支援する，病弱の児童生徒を支援するなどが考えられる。

また，コロナ禍では，児童生徒の学びを止めないために臨時休業中のオンライン学習が行われたが，「いつでも見ることのできるコンテンツの作成，提供」「家庭での情報通信ネットワーク環境の整備」「授業者だけに負担がかからない，支援体制」などが課題である。

図4-6　講師─教室接続型イメージ（学級全体）
（出典：文部科学省（2020）遠隔教育システム活用ガイドブック第2版）

図4-7　講師─教室接続型イメージ（任意のグループ）
（出典：文部科学省（2020）遠隔教育システム活用ガイドブック第2版）

3. 遠隔教育実施における留意点

　遠隔教育の３本柱は，「ひと」（授業内容の工夫，役割分担の打ち合わせ），「もの」（端末やシステムの調達，ネットワーク環境の設置），「こと」（交流相手との時間調整，校内での実施の調整，設置場所の調整，接続機関との調整）だが，これは結局，遠隔での実施のためには，「授業」に関することと「運営」に関することの両面を意識していく，ということである（図4-8）。

　例えば，運営面の「こと」であるが，接続先からどのように見えるかを意識して設置すること，うまく音声がやりとりできるようにマイクを

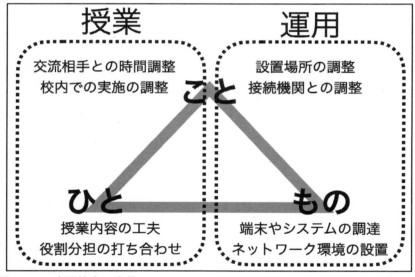

図4-8　遠隔教育３本柱

（出典：筆者作成）

使い分けること，うまく接続できなかった際に代替手段を事前に検討しておくことなどに留意しておく必要がある。また，授業面のことであるが，①明確な目的意識，相手意識を持たせること，②一方的に伝えるだけにはしないで話のキャッチボールが成立するよう配慮すること，③オンライン時以外の教室での練り上げをしっかり行うこと，④多様な交流手段を検討すること，⑤どちらかだけの利益にならないように Give and Take を検討すること，⑥特別な時だけ行うのではなく，日常的な活用を行うこと，⑦詳細に関して，教師同士の密な交流を心がけること，などに留意する必要がある。

　また，先の「遠隔教育の推進に向けた施策方針」では，「遠隔教育における ICT 支援員の主な役割」として以下の項目をあげている。

・ICT 機器等の準備や通信テストを行う。
・教師のデジタル教材や ICT を活用した指導案の作成等への支援を行う。
・授業中にカメラのアングル操作や資料提示等の機器操作，児童生徒の端末操作の支援，トラブルが起きた際の復旧対応等を行う。
・日常的に ICT 機器等のメンテナンスや設定の変更等を行う。
・不具合が発生した際に，教育委員会や業者等への連絡を行う。
・遠隔授業に関する学校間の調整や，教育委員会等との連絡調整を行う。
・校内研修等において，ICT 機器等の使い方や効果的な活用方法について説明を行う。
・先進事例等を整理して，教職員に情報提供を行う。

　このように，ICT 支援員を配置することで，円滑な遠隔教育を推進することが可能になるので，配置を進めていくことが有効である。

出典・参考文献

・遠隔教育の推進に向けたタスクフォース（2018）遠隔教育の推進に向けた施策方針

　https：//www.mext.go.jp/a_menu/shotou/zyouhou/detail/__icsFiles/afieldfile/2018/09/14/1409323_1_1.pdf（2021.01.31取得）

・文部科学省（2019）新時代の学びを支える先端科学技術活用推進方策（最終まとめ）

　https：//www.mext.go.jp/component/a_menu/other/detail/__icsFiles/afieldfile/2019/06/24/1418387_02.pdf（2021.01.31取得）

・文部科学省（2020）遠隔教育システム活用ガイドブック第2版

　https：//www.mext.go.jp/content/20200804−mxt_jogai02−100003178_024.pdf（2021.01.31取得）

5 | 初等中等教育におけるデジタル教科書の活用

中川一史

《目標＆ポイント》　初等中等教育に関してデジタル教科書に関する授業や学校での取り組みがどのように行われているか解説する。

《キーワード》　初等中等教育，ICT活用，デジタル教科書

1. デジタル教科書の変遷と学習効果

　学校教育法の一部を改正する法律（平成30年法律第39条）が2019年4月1日から施行され，教科書の内容を記録した電磁的記録である教材（デジタル教科書）が教科書として認められるようになった。つまり，紙の教科書を使わなくても，デジタル教科書を使っていれば教科書を使っていると見なされるようになった，ということである。

　文部科学省から2018年に公開された「学習者用デジタル教科書の効果的な活用の在り方等に関するガイドライン」では，主に教師が提示用に使う指導者用デジタル教科書と主に児童生徒が学習用に使う学習者用デジタル教科書が掲載されている。上記の学校教育法の一部を改正する法律によって，教科書として認められるようになったのは，後者である。そこで，本稿においても，デジタル教科書とは，特に表記がなければ学習者用デジタル教科書のことを示すこととする。

　また，本ガイドラインでは，紙の教科書や学習者用デジタル教科書等の概念図として，図5-1のように示している。デジタル教科書の範囲

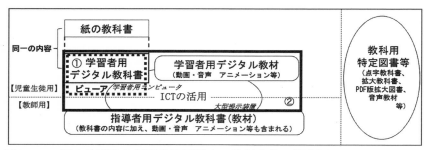

図5-1　紙の教科書や学習者用デジタル教科書等の概念図

（出典：文部科学省，2018）

は，検定の範囲を勘案すると，紙の教科書と同様の部分（①点線枠）で
あるが，実際にはデジタル教科書・デジタル教材・周辺 ICT 機器を一
体的に活用する（②実線枠）ことが多い。動画やアニメーションなどの
教材，共有するための大型提示装置などと一体的に活用するほうが，学
習効果が高いと考えられるからである。

　文部科学省が2019年に公開した「学習者用デジタル教科書実践事例
集」によると，デジタル教科書の活用効果は，以下のように示されてい
る。

○主体的な学習を実現するきっかけになる
　・くり返し書き直すことで，自分の中で新しい発想が生まれてく
　　る。
　・写真貼り付けや書き込みをして，自分だけの教科書をつくるこ
　　とができる。
○対話的な学習を授業に取り入れやすくなる
　・線の色を変えることができるので自分の考えを伝えやすい。

・すぐ消して，すぐ書ける。簡単で使いやすいから，意見を出し合える。

・自分の考えと違う考えの人に理由を尋ねることができて，違うところを比べられる。

○児童生徒の深い学びが促進される

・色分けしたり，重ねたりして，書ける。前の自分の考えも見ることができる。

・考えを書き直すときに書きやすくて，見直ししやすく，詳しく考えられる。

・図を拡大することができるから，たくさん気付きを見つけることができる。

○教科書へのアクセシビリティが改善される

・拡大や色の反転ができ，見えやすい状態で教科書を読むことができる。

・拡大教科書は冊数も多く重たいが，デジタル教科書は持ち運びが簡単である。

○習熟度別学習を授業に取り入れやすくなる

・一度でわからないときは，何回でも同じ箇所を聞くことができる。

・紙の教科書と違って，一人一人聞けてよかった。

○能動的な学習行動を活性化できる

・教科書の文とネイティブの発音が同期して流れるので，発音練習が楽しい。

・音声スピードも調整できるので，聞き取りや音読の練習がしやすくなった。

・ノートで考えるより，いろいろな考えが出せた。

○学習内容の理解が深まる

・展開図や回転体を想像するのが苦手だったけど，わかりやすくなる。

・読み方のわからない単語や文の読み方がすぐにわかる。

・狂言の動画を見ることができ，自分の想像と照らし合わせることができた。

・説明のためのアニメーションが内容の理解のために役立った。

・グラフや表が動かせるから比べやすい。

○授業に対する集中力を維持・向上させる

・大型提示装置に教科書が映るから，今どこをやっているかわかりやすい。

・授業のテンポがいいので，授業中に時間が経つのが速く感じられる。

・いろいろな動画がわかりやすくて，面白い。

　特筆すべきは，書き込みやすい・消しやすい点である。紙の教科書上でも，もちろん書き込み等はできないことではない。しかし，「すぐに」「たくさん」の書き込み，必要がなくなったら消せる，どうしても残しておきたいものは保存する，ということはデジタルならでは，である。また，授業支援ソフトや大型提示装置等との併用で，個々のデジタル教科書の書き込みを教室内で共有することができる。思考のメモ帳，情報を補完するサポート箱がデジタルな教科書として児童生徒の手元にやってきたと考えることができる。教科書でありノートやメモ帳である。個の場の活用と共有しての場の活用とを行き来する，まさにここが学習者用デジタル教科書の本領発揮と言えるのではないかと考える。

　また，学習者用デジタル教科書（＋デジタル教材）の活用においては，文字色・背景色の変更，ふりがな表示，リフロー機能，音声読み上げなど，特別な配慮を必要とする場合など，児童生徒の実態や状況に応じたカスタマイズが可能となる（図5-2）。

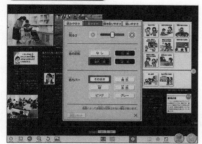

文字色・背景色の変更

教科書紙面を見やすい色に変更できます。

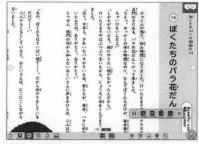

ふりがな表示

漢字のふりがなを表示することができます。

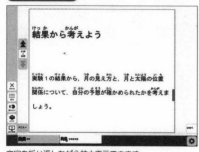

リフロー表示

文字を折り返しながら拡大表示できます。

音声読み上げ（機械音声）

文字を機械音声で読み上げます。読み上げ速度の変更ができます。

図5-2　学習者用デジタル教科書ガイドブック

（出典：一般社団法人教科書協会，2019）

2. デジタル教科書の活用事例

　先の「学習者用デジタル教科書実践事例集」には，以下のようなデジタル教科書活用事例が紹介されている（抜粋）。

○小学校第6学年・国語・物語文「本文への書き込みによる児童の考えの形成と対話の充実をはかる場面」

　デジタル教科書へ書き込みを繰り返すことは簡単なので，児童の書き込み作業の時間と労力を省略でき，児童が自らの考えを形成する時間を多くとることができる。また，少人数でのグループ学習を積極的に行うことで，対話的で深い学びを実現している。

○小学校第3学年・国語・説明文「文章の分類・構造化による思考活動の活性化をはかる場面」

　デジタル教科書の書き込み機能やデジタル教科書の文章を抜き出して活用するツールを活用し，分類，構造化等の思考活動を活発に行わせる。また，保存機能の活用により過去の授業内容を想起させ，類似点や違いを発見させることで，比較するという思考能力を育む。

○小学校第4学年・算数・面積の求め方「拡大機能で児童を課題に集中させ，書き込み機能で統合的・発展的に考察する力を育成する場面」

　デジタル教科書の拡大機能により，本時の課題に関連する文章や図に着目させることができるため，児童を解法の考察に集中させることができる。また，書き込み機能によって，図形の面積の求め方を統合的・発展的に考察する活動を支援する。

○小学校第3学年・理科・電気「デジタル教科書と連携して実験結果を整理するツールの活用で問題解決学習を活性化する場面」

　デジタル教科書と連携したデジタル教材（実験手順の動画）によって，児童は実験の手順を確認しながら安全に実験を行うことができる。また，デジタル教科書と連携して実験結果を整理するツールによって，実験結果を視覚的に整理・共有することが容易になり，実験を通した問題解決学習が活性化される。

○中学校第３学年・英語・文法「デジタル教科書と連携した動画や朗読ツールの活用で，話す・聞く活動を促進する場面」

　デジタル教科書と連携した動画を活用することにより，教科書内容の題材が生徒にとって身近ではない場合であってもスムーズに理解させることができる。また，文法問題について朗読ツールを活用することにより，授業内での聞く活動，話す活動が充実する。

3. デジタル教科書普及の課題

　学習者用デジタル教科書を効果的に活用するに当たっての留意点として，先の「学習者用デジタル教科書の効果的な活用の在り方等に関するガイドライン」では，以下のように示されている。

（1）　学習者用デジタル教科書を使用した指導上の留意点
（略）
　4：学習者用デジタル教科書や学習者用デジタル教材を単に視聴させるだけではなく，「主体的・対話的で深い学び」の視点からの授業改善に資するよう活用すること。また，児童生徒が自分の考えを発表する際に，必要に応じて具体的なものなどを用いたり，黒板に書いたりするなど，学習者用デジタル教科書の使用に固執しないこと。
　5：学習者用デジタル教科書の使用により，文字を手書きすることや実験・実習等の体験的な学習活動が疎かになることは避けること。漢字や計算等に関する繰り返し学習や学習内容をまとめる等で書くことが大事な場面では，ノートの使用を基本とすること。
（略）
　7：学習者用デジタル教科書の活用状況について，各学校において教育課程の実施状況を評価する中で適切に把握するなどして，学習者用デジタル教科書の効果的な活用方法やその効果・影響を見極めつつ，必要に応じて学習者用デジタル教科書の使用を見直すことも含め，指導方法や指導体制の改善に努めること。

---

(2) 学習者用デジタル教科書を使用する教職員の体制等の留意点

１：学習者用デジタル教科書の導入に伴い，学習者用デジタル教科書を他の ICT とともに効果的に活用できるよう，教師の ICT 活用指導力の向上を図ること。

２：学習者用デジタル教科書の導入に当たっては，とりわけ，インストール作業や初期設定作業，必要が生じた際のコンテンツの更新作業，学習者用デジタル教科書とともに使用する学習者用デジタル教材や ICT 機器の導入等への対応などが必要となること。このような ICT 機器等に関する対応や授業支援など，ICT を活用した授業等を教師が円滑に行うための支援を行う ICT 支援員の適切な配置などサポート体制の整備を行うこと。

(3) 児童生徒の健康に関する留意点

１：「児童生徒の健康に留意して ICT を活用するためのガイドブック」（平成26年，文部科学省）において，ICT 機器の画面の見えにくさの原因やその改善方策，児童生徒の姿勢に関する指導の充実など，教師や児童生徒が授業において ICT を円滑に活用するための留意事項について，専門家の知見なども踏まえて掲載しているため，これを参考にすることが考えられること。

２：これに加え，学習者用デジタル教科書に関して，専門家から提示された以下の点についても留意すること。

・学習者用デジタル教科書を使用する際には，姿勢に関する指導を適切に行い，目と学習者用コンピュータの画面との距離を 30cm 程度以上離すよう指導すること。

・心身への影響が生じないよう，日常観察や学校健診等を通して，学校医とも連携の上，児童生徒の状況を確認するよう努めること。

必要に応じて，眼精疲労の有無やその程度など心身の状況について，児童生徒にアンケート調査を行うことも考えられること。

(4)　特別な配慮を必要とする児童生徒等が使用する際の留意点
1：特別な配慮を必要とする児童生徒等については，一人一人の障害等の状態や学習ニーズによって，拡大や音声読み上げの機能等の必要性や使用方法に違いがあることから，学習者用デジタル教科書及び学習者用コンピュータ等の機能等や使用方法が児童生徒にとって適切なものか確認しつつ使用すること。
2：学習者用デジタル教科書のみによって，様々な特別な配慮を必要とする児童生徒等の全ての学習ニーズを満たすことは難しい場合も想定されるため，引き続き，音声教材やPDF版拡大図書等の教科用特定図書等の活用も検討すること。
3：学習者用デジタル教科書等の使用に当たっては，周囲の児童生徒への理解啓発を図るなど，特別な配慮を必要とする児童生徒等が学習者用コンピュータ等を教室で使用しやすい環境を整えるよう努めること。
4：特別な配慮を必要とする児童生徒等については，その学習上の困難の程度を低減させる必要がある場合には，教育課程の全部においても，紙の教科書に代えて学習者用デジタル教科書を使用できることから，その学習上の効果や健康面の影響を適切に把握するよう特に努めること。

(5)　学習者用デジタル教材についての留意点
1：学習者用デジタル教科書や，動画・アニメーションやドリル・ワークシート等の学習者用デジタル教材については，他の補助教材

と同様に，平成27年3月4日文科初第1257号「学校における補助教材の適切な取扱いについて（通知）」も踏まえた適正な取扱いが求められること。特に，学習者用デジタル教科書と他の学習者用デジタル教材が一体となっている場合には，児童生徒が自由かつ容易にアクセス可能となることから，有益適切な教材であることを学校・教育委員会等において事前に確認し，不適切に使用されないよう管理を行うこと。

(6) ICT環境についての留意点

1：学習者用デジタル教科書の特性・強みを十分に活用するためには，各学校におけるICT環境の充実が重要となることから，「2018年度以降の学校におけるICT環境の整備方針」も踏まえICT環境整備に取り組むこと。その際，使用する学習者用デジタル教科書の機能や，その使用に適したICT機器の性能等について確認すること。

2：現状においては，学習者用デジタル教科書を使用するために必要な学習者用コンピュータについて，基本的には学校所有の教具として整備されたものを用いることが想定されることから，教材である学習者用デジタル教科書の費用についても設置者が負担し，学校所有の教具として整備されたものを用いることが基本的には想定されること。

（略）

3：学習者用デジタル教科書の使用に伴い，ネットワーク環境を活用することも考えられるが，その場合，学校や家庭におけるネットワーク環境の整備状況が適切か確認すること。また，宿題や予習・復習等の家庭学習などにおける学習者用デジタル教科書の使用に当

たっては，家庭におけるネットワーク環境が整備されていない児童
生徒に配慮すること。

4：各教育委員会や学校において，インターネットへの接続管理や
フィルタリング等による児童生徒の発達段階を踏まえた有害情報等
への対策やネット依存等に関する情報モラル教育を適切に行うこ
と。

5：教師や児童生徒が安心して学校において ICT を活用できるよ
うにするため，外部の者等による不正アクセスの防止等の情報セキ
ュリティ対策を講じること。

GIGA スクール構想により，児童生徒1人1台環境が加速化された。
そうなると，「1人1台端末環境の活用はどこまで日常になるか」とい
う課題がある。そのためには，児童生徒の活用スキル向上が必須であ
る。スキル向上とは，単に操作ができる，ということではない。適切に
活用できるようになる，ということである。それには，段階を見通すこ
とが重要だ。まず，デジタル教科書活用への経験が必要であり，使う頻
度を高めていかなければならない。たまにしか使わないと，先に述べた
ように，目新しさも取れず，いつまでも意識が端末やデジタル教科書の
機能そのものにいってしまう。長らく，さまざまな体験をして，さらに
はその特徴について意識する（教師からすると「させる」）場面が何度
もあったからこそ，目的や場面に応じた適切な選択ができるようにな
る。

出典・参考文献

・文部科学省（2018）学校教育法等の一部を改正する法律の公布について（通知）
https：//www.mext.go.jp/a_menu/shotou/kyoukasho/seido/1407716.htm
（2021.01.31取得）
・文部科学省（2018）学習者用デジタル教科書の効果的な活用の在り方等に関する
ガイドライン
https：//www.mext.go.jp/b_menu/shingi/chousa/shotou/139/houkoku/__icsFiles
/afieldfile/2018/12/27/1412207_001.pdf
（2021.01.31取得）

6 初等中等教育における プログラミング教育

中川一史

《**目標＆ポイント**》 初等中等教育に関してプログラミング教育に関する授業や学校の取り組みがどのように行われているか解説する。
《**キーワード**》 初等中等教育，ICT 活用，プログラミング教育

1．プログラミング教育の考え方

　プログラミング教育に関しては，小学校，中学校，高等学校において，段階的に実施されている。学習指導要領では，「情報活用能力」を学習の基盤となる資質・能力と位置づけ教科横断的に育成する，と示されている。

　高等学校では，2018（平成30）年告示の学習指導要領で，共通必履修科目「情報Ⅰ」を新設して，すべての生徒がプログラミング，ネットワーク，データベースの基礎を学ぶこととしている。

　学習指導要領解説「情報編」では，共通教科情報科の目標として，「情報に関する科学的な見方・考え方を働かせ，情報技術を活用して問題の発見・解決を行う学習活動を通して，問題の発見・解決に向けて情報と情報技術を適切かつ効果的に活用し，情報社会に主体的に参画するための資質・能力を次のとおり育成することを目指す。」としたうえで，以下の3つを示している。

(1) 情報と情報技術及びこれらを活用して問題を発見・解決する方法について理解を深め技能を習得するとともに，情報社会と人との関わりについての理解を深めるようにする。

(2) 様々な事象を情報とその結び付きとして捉え，問題の発見・解決に向けて情報と情報技術を適切かつ効果的に活用する力を養う。

(3) 情報と情報技術を適切に活用するとともに，情報社会に主体的に参画する態度を養う。

　中学校では，2021（令和3）年度全面実施の学習指導要領で，プログラミングに関する内容を充実（「計測・制御のプログラム」に加え「ネットワークを利用した双方向性のあるコンテンツのプログラミング」について学ぶ）することとしている。

　技術分野の学習は，「材料と加工の技術」「生物育成の技術」「エネルギー変換の技術」「情報の技術」の4つに分類して，それぞれの技術の内容について学び，技術を評価，選択，管理・運用，改良，応用することによって，よりよい生活や持続可能な社会を構築する資質・能力の育成を目指している。「情報の技術」の学習の中で，技術分野の目標とともにプログラミング教育の目標の達成も図られることになる。

　2021年度全面実施の中学校学習指導要領解説「技術家庭編」の内容の取扱いと指導に当たっての配慮事項によると，「よりよい生活の実現や持続可能な社会の構築に向けて，将来にわたって変化し続ける社会に主体的に対応していくためには，生活を営む上で生じる問題を見いだして課題を設定し，自分なりの判断をして解決することができる能力，すなわち問題解決能力をもつことが必要である。問題解決能力とは，課題を解決するに至るまでに段階的に関わる能力を全て含んだものであり，生活や社会の中から問題を見いだして課題を設定する力，課題の解決策や

解決方法を検討・構想して具体化する力，知識及び技能を活用して課題解決に取り組む力，実践を評価して改善する力，課題解決の結果や実践を評価した結果を的確に創造的に表現する力などが挙げられる。これらの能力の育成には，生徒一人一人が，自らが問題を見いだして適切な課題を設定し，学習した知識及び技能を活用し主体的・意欲的に課題解決に取り組み，解決のための方策を探るなどの学習を繰り返し行うことが大切である。そのためには，学習の進め方として，問題の発見や課題の設定，解決策や解決方法の検討及び具体化，課題解決に向けた実践，実践の評価・改善などの一連の学習過程を適切に組み立て，生徒が主体的に課題に向き合い，協働しながら，段階を追って学習を深められるよう配慮する必要がある。」としている。

　そして，小学校では，2020（令和2）年度全面実施の学習指導要領で，総則において各教科等の特質に応じて「プログラミングを体験しながら，コンピュータに意図した処理を行わせるために必要な論理的思考力を身につけるための学習活動」を計画的に実施することを明記している。なお，小学校プログラミング教育に関しては，第2節，第3節で詳しく述べていく。

　いずれにしても，プログラミング教育は学習指導要領を基準とし，学校ごとの実態に合わせた授業をきちんと実施することで，児童生徒の知識・技能を，さらに深く，発展させた学びにつなげていくことができる。まずは，プログラミング教育を行わない学校がないように，プログラミング教育の年間計画を立て，各学校で確実に実施することが大切である。

2. 小学校プログラミング教育の進め方

　小学校学習指導要領解説「総則編」では，小学校プログラミング教育のねらいに関しては，以下のように示されている。

　（略）小学校段階において学習活動としてプログラミングに取り組むねらいは，プログラミング言語を覚えたり，プログラミングの技能を習得したりといったことではなく，論理的思考力を育むとともに，プログラムの働きやすさ，情報社会がコンピュータをはじめとする情報技術によって支えられていることなどに気付き，身近な問題の解決に主体的に取り組む態度やコンピュータ等を上手に活用してよりよい社会を築いていこうとする態度などを育むこと，さらに，教科等で学ぶ知識及び技能等をより確実に身に付けさせることにある。したがって，教科等における学習上の必要性や学習内容と関連付けながら計画的かつ無理なく確実に実施されるものであることに留意する必要があることを踏まえ，小学校においては，教育課程全体を見渡し，プログラミングを実施する単元を位置付けていく学年や教科等を決定する必要がある。（略）

　これを受けて，文部科学省（2020）「小学校プログラミング教育の手引（第三版）」では，小学校プログラミング教育のねらいをさらに整理，以下のように示している。
①「プログラミング的思考」を育むこと
②プログラムの働きやすさ，情報社会がコンピュータ等の情報技術によ

って支えられていることなどに気付くことができるようにするととも
に，コンピュータ等を上手に活用して身近な問題を解決したり，より
よい社会を築いたりしようとする態度を育むこと
③各教科等の内容を指導する中で実施する場合には，各教科等での学び
をより確実なものとすること

　さらに，「プログラミングに取り組むことを通じて，児童がおのずと
プログラミング言語を覚えたり，プログラミングの技能を習得したりす
るといったことは考えられるが，それ自体をねらいとしているのではな
い」としている。
　小学校学習指導要領解説「総則編」によると，プログラミング的思考
とは「自分が意図する一連の活動を実現するために，どのような動きの
組合せが必要であり，一つ一つの動きに対応した記号を，どのように組
み合わせたらいいのか，記号の組合せをどのように改善していけば，よ
り意図した活動に近づくのか，といったことを論理的に考えていく力」
としている。また，文部科学省（2020）「小学校プログラミング教育の
手引（第三版）」では，プログラミング的思考を図6-1のように示して
いる。
　小学校学習指導要領解説「総則編」によると，「情報活用能力をより
具体的に捉えれば，学習活動において必要に応じてコンピュータ等の情
報手段を適切に用いて情報を得たり，情報を整理・比較したり，得られ
た情報をわかりやすく発信・伝達したり，必要に応じて保存・共有した
りといったことができる力であり，さらに，このような学習活動を遂行
する上で必要となる情報手段の基本的な操作の習得や，プログラミング
的思考，情報モラル，情報セキュリティ，統計等に関する資質・能力等
も含むものである。」と，プログラミング的思考は，情報活用能力に含

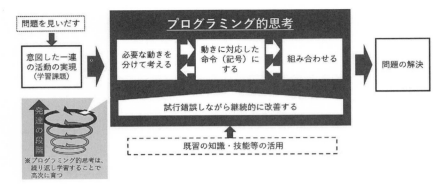

図6-1　プログラミング的思考

（出典：文部科学省，2020）

まれるものと説明している。つまり，何か特定の教科ではなく，教科・
領域横断的に育むものと考えられる。

3. 小学校段階のプログラミングに関する学習活動の分類

　小学校段階のプログラミングに関する学習活動の分類に関しては，先の手引により，図6-2のように示されている。

　A分類は，「学習指導要領に例示されている単元等で実施するもの」である。学習指導要領には，算数，理科，総合的な学習の時間で，それぞれ以下のように示されている。

A	学習指導要領に例示されている単元等で実施するもの
B	学習指導要領に例示されてはいないが、学習指導要領に示される各教科等の内容を指導する中で実施するもの
C	教育課程内で各教科等とは別に実施するもの
D	クラブ活動など、特定の児童を対象として、教育課程内で実施するもの
E	学校を会場とするが、教育課程外のもの
F	学校外でのプログラミングの学習機会

図6-2　プログラミングに関する学習活動の分類

（出典：文部科学省，2020）

　○5年・算数「正多角形」～

　〔第5学年〕の「B図形」の(1)における正多角形の作図を行う学習に関連して，正確な繰り返し作業を行う必要があり，更に一部を変えることでいろいろな正多角形を同様に考えることができる場面などで取り扱うこと。

○〜6年・理科「物質・エネルギー」〜

　〔第6学年〕の「A物質・エネルギー」の(4)における電気の性質や働きを利用した道具があることを捉える学習など，与えた条件に応じて動作していることを考察し，更に条件を変えることにより，動作が変化することについて考える場面で取り扱うものとする。

○〜総合的な学習の時間〜

　(9)　情報に関する学習を行う際には，探究的な学習に取り組むことを通して，情報を収集・整理・発信したり，情報が日常生活や社会に与える影響を考えたりするなどの学習活動が行われるようにすること。（略）プログラミングを体験しながら論理的思考力を身に付けるための学習活動を行う場合には，プログラミングを体験することが，探究的な学習の過程に適切に位置付くようにすること。

　B分類は，まさに各学校で創出していくものである。「プログラミング的思考」と「教科・領域のねらい」が重なる部分について，授業の内容を図6-3の☆部分に落とし込むことになる。双方向からアプローチして「重なる部分」を洗い出し，実践していくことが重要である。

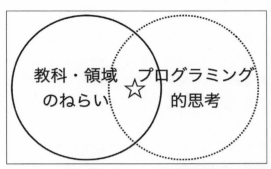

図6-3　「プログラミング的思考」と「教科・領域のねらい」が重なる部分
（出典：筆者作成）

　Ｃ分類については，学校の裁量により，各教科等とは別にプログラミングの学習を行うものである。ここでは，プログラミングに関する知識や技能を一定程度系統的に学ぶ活動も考えられる。プログラミングを進めやすい時間の取り方としては，まとまった時間，裁量の時間としてプログラミングを学ぶ時間を確保することである。学習の進め方の基本は，各教科等でプログラミングを活用するために，基本的な使い方を学習できるようにすることである。プログラミングの「楽しさ」や「面白さ」，できたという「達成感」などを味わえるような題材を選び，プログラミング自体を体験できるように進めることになる。

　ここまで，授業で扱うことになるＡ分類からＣ分類について述べてきたが，単に試行錯誤をすればよいというわけではない。先の手引では，「（略）児童は試行錯誤を繰り返しながら自分が考える動作の実現を目指しますが，思い付きや当てずっぽうで命令の組合せを変えるのではなく，うまくいかなかった場合には，どこが間違っていたのかを考え，修正や改善を行い，その結果を確かめるなど，論理的に考えさせることが大切（略）。」と，補足している。

　また，手引では，カリキュラム・マネジメントの重要性として，「プログラミング教育のねらいを実現するためには，各学校において，プログラミングによってどのような力を育てたいのかを明らかにし，必要な指導内容を教科等横断的に配列して，計画的，組織的に取り組むこと，さらに，その実施状況を評価し改善を図り，育てたい力や指導内容の配列などを見直していくこと（カリキュラム・マネジメントを通じて取り組むこと）が重要（略）。」と，一教員が進めるのではなく，全校的に進めることの重要性について言及している。

　このように，プログラミング教育は，小学校段階からプログラミングの体験を積み重ねることで，世の中が情報技術によって支えられていることに気付くことと，コンピュータや情報技術を使って問題解決していく資質・能力を育成していく。児童生徒がプログラミングも含めた「情報活用能力」を身に付けることは学習の基盤で，予測が困難な将来においても主体的に関わり，問題を解決し，世の中の仕組みを支えていくことが求められている。

出典・参考文献

・ICT CONNECT 21 小学校プログラミング教育導入支援ハンドブック
　https://ictconnect21.jp/document/prg_handbook/（2021.01.31取得）
・文部科学省（2020）小学校プログラミング教育の手引（第三版）
　https://www.mext.go.jp/content/20200218-mxt_jogai02-100003171_002.pdf
　（2021.01.31取得）

7 初等中等教育における情報モラル

中川一史

《目標＆ポイント》 初等中等教育に関して情報モラルに関する授業や学校の取り組みがどのように行われているか解説する。
《キーワード》 初等中等教育，ICT 活用，情報モラル

---

1. 青少年のインターネット接続機器の利用状況

　総務省の2020（令和2）年版情報通信白書では，令和時代における基盤としての5Gの移動通信システムの契約数について，「第4世代移動通信システム（4G）の商用開始から約10年，2020年3月には5Gの商用サービスが開始された。5Gはその特性ゆえに，ありとあらゆるものがインターネットを通してつながるIoT（Internet of Things）時代における基盤として，人々の生活ではもちろんのこと，企業活動においても幅広く活用されることが期待されている。」としたうえで，「固定電話（加入電話）の契約数が1996年を境に減少傾向に転じたのに対し，携帯電話の契約数は，制度改革（端末売切制度の導入，料金認可制の廃止）が行われた後に急速に伸長し，2000年には，固定電話（加入電話）の契約数を超えるに至った。その後も契約数は増加し，2019年9月末時点では契約数が約1億8千万以上に達し，人口普及率は142％となっている。」という。
　また，同省の2011（平成23）年版情報通信白書によると，情報メディ

アの利用時間の変化として，既に平成22年にはコミュニケーションツールの上位が「通話をする」から「サイトを見る（パソコン）」になったという。「メールを読む・書く」は既にさらに上位をいっており，これからも情報メディアの利用時間に変化が見られることも推測できる。また，本白書によると，SNS等の利用目的は，「自分の興味・関心のある情報を知りたいから」と同時に，「自分の興味・関心のある情報を伝えたいから」「自分の意見・考えを伝えたいから」が上位を占めている。既にこの時点で，閲覧のみではなく，発信が利用目的の大きな要因となっている。

　では，児童生徒の実態はどうなのか。

　内閣府が2020年に公開した「令和元年度　青少年のインターネット利用環境実態調査」によると，小学生，中学生，高校生のインターネット活用実態は以下にように示されている。

（青少年のインターネット接続機器の利用状況）
○回答した青少年（小中高校生）にインターネットを利用しているかを聞いた結果，「インターネットを利用している」は93.2％，「インターネットを利用していない」は6.8％である。
○インターネットを利用していると回答した青少年（2,977人）の，15機種のインターネット接続機器の利用率は，「スマートフォン」が67.9％で最も多く，「携帯ゲーム機」が33.5％と続く。「タブレット」が31.7％，「ノートパソコン」が17.3％，「据置型ゲーム機」が12.1％，「インターネット接続テレビ」が8.5％，「学習用タブレット」が7.8％，「デスクトップパソコン」が7.4％，「契約期間が切れたスマートフォン」が7.3％，「携帯音楽プレイヤー」が

7.1%である。

○学校種別にみると，「スマートフォン」は，小学生が43.5%，中学生が69.0%となり，高校生になると92.8%が利用している。

○「スマートフォン」のインターネット利用者（2,022人）のインターネットの利用内容を学校種別にみると，小学生では，「ゲーム」が70.9%で最も多く，次いで「動画視聴」が60.8%，「コミュニケーション（メール，メッセンジャー，ソーシャルメディアなど）」が43.6%，「音楽視聴」が37.9%，「情報検索」が35.2%と続く。

中学生になると，「動画視聴」が80.5%で最も多く，次いで「コミュニケーション（メール，メッセンジャー，ソーシャルメディアなど）」が80.3%，「ゲーム」が70.6%，「音楽視聴」が66.2%，「情報検索」が58.6%と続く。

高校生では，「コミュニケーション（メール，メッセンジャー，ソーシャルメディアなど）」が90.5%と利用が多くなり，次いで「動画視聴」が85.7%，「音楽視聴」が82.6%，「ゲーム」が74.8%，「情報検索」が69.3%，「地図・ナビゲーション」が50.5%，「勉強・学習・知育アプリやサービス（言葉，数遊びなど）」が47.9%，「ニュース」が47.1%と続く。

○「インターネットを利用しているインターネット接続機器」のそれぞれについて，平日のインターネットの平均的な利用時間を聞いた結果，「利用機器の合計：インターネットを利用しているインターネット接続機器のいずれかで回答あり計」では，「1時間未満」が11.2%，「1時間以上2時間未満」が19.5%，「2時間以上3時間未満」が21.3%，「3時間以上4時間未満」が17.6%，「4時間以上5時間未満」が10.5%，「5時間以上」が18.4%である。「3時間以

上」インターネットを使っている青少年は46.6%であり，平均時間は182.3分である。

○インターネットを使っている青少年（2,977人）に，インターネット上のトラブルや問題行動に関連する行為の経験を聞いた結果，「インターネットにのめりこんで勉強に集中できなかったり，睡眠不足になったりしたことがある」が14.0%で最も多く，次いで「迷惑メッセージやメールが送られてきたことがある」が13.2%，「インターネットで知り合った人とメッセージやメールなどのやりとりしたことがある」が11.0%，「自分が知らない人や，お店などからメッセージやメールが来たことがある」が10.2%で続く。一方，「あてはまるものはない」は，65.0%である。

（家庭のルールやインターネットの危険性に関する学習状況）
○学校種別にみると，「ルールを決めている」と答えた者の割合は，小学生が77.7%，中学生が63.6%，高校生が38.6%となり，学校種が上がるほど少なくなる。
○家庭でインターネットの使い方についてルールを決めていると答えた青少年（1,808人）に，ルールの内容を聞いた結果，「利用する時間」が75.7%と最も多く，次いで「困ったときにはすぐに保護者に相談する」が36.6%，「ゲームやアプリの利用料金の上限や課金の利用方法」が36.5%，「利用する場所」が33.9%，「利用するサイトやアプリの内容」が27.9%，「利用者情報が漏れないようにしている」が21.0%である。
○インターネットの危険性について説明を受けたり学んだりしたことがあると答えた青少年（2,840人）に，インターネットの危険性について説明を受けたり学んだりした内容を聞いた結果，「インタ

ーネット上のコミュニケーションに関する問題」が77.4%と最も多く，次いで「プライバシー保護に関する問題」が57.9%，「児童の性的被害に関する問題」が50.9%，「インターネットの過度の利用に関する問題」が49.1%，「セキュリティに関する問題」が37.2%である。

○回答した全ての青少年（3,194人）に，インターネットの危険性に関する学習について，どのような内容・形式で行われるのが良いと思うかを聞いた結果，「インターネットに関するトラブルについて，実例を紹介してほしい」が44.8%，「インターネットに関するトラブルについて，対策を紹介してほしい」が44.3%と多く，次いで「映像教材の視聴形式が良い」が31.1%，「短時間で説明してほしい」が　28.6%，「インターネットのトラブルについて，詳しく解説してほしい」が23.6%である。

2.　初等中等教育における情報モラル教育の必要性

　現在，スマートフォン等の端末，ゲーム機などに代表される児童・生徒の ICT 機器の所有台数や割合は上昇の一途をたどっている。このような中，被害者にならないような配慮とともに，加害者にならないような指導・助言も重要と考える。スマートフォン等の学校への持ち込みを認めていない学校はまだ多いが，学校に持ち込まないから学校で指導しなくてもよいということではない。

　2020年に文部科学省から公開された「教育の情報化に関する手引（追補版）　第 2 章　情報活用能力の育成　情報モラル教育の必要性」によると，「情報モラル教育を行うに当たっては，教師が，インターネット

の世界で起きていることを把握した上で，児童生徒が将来，インターネット上のトラブルに巻き込まれないように，指導することの重要性を認識する必要がある。また，インターネット上のコミュニケーションも日常生活と同様に，向こう側に人がいることを意識させることが重要であり，顔が見えない分，日常生活以上に勘違いが起こる可能性は高く，注意すべき点があることについて指導する必要がある。インターネットを取り巻く状況は日々変化しており，児童生徒が遭遇するトラブルは，現在，インターネット上で起こっているものだけにとどまらず，将来，情報技術の進展とともに多種多様なトラブルが起こる可能性がある。そのような中，トラブルに直面しても児童生徒が心身に大きな傷を受けることなく対応できるとともに，自らトラブルを予測し，迫りくる危険を回避できるように指導することも重要である。」としている。

久保田は，情報モラルを「情報社会において，よりよいコミュニケーションを築くためのマナー＆ルール，情報リテラシー，コンピュータセキュリティ，プライバシー，著作権など知的財産権等についての知識と適切な態度」と定義している（久保田，2006）。さらに，これらは「根っこの部分はつながり，複雑に絡み合っている」という。

また，2011（平成23）年3月に国立教育委政策研究所から公開された「情報モラル教育実践ガイダンス」によると，情報モラル教育の内容は，以下の4項目であるという。

情報社会の倫理
☆情報に関する自他の権利を尊重して責任ある行動を取る態度
小学校：人の作ったものを大切にし，他人や社会への影響を考えて行動することの大切さを学ぶ。

中学・高等学校：他者の権利や知的財産権を尊重し，情報社会への参画において責任ある態度で臨み義務を果たさなければならないことを学ぶ。

法の理解と遵守
☆情報社会におけるルールやマナー，法律があることを理解し，それらを守ろうとする態度。
小学校：情報をやりとりする際のルールやマナーを理解し，それらを，守る態度を学ぶ。
中学・高等学校：情報に関する法律や契約について理解し適切に行動する態度を学ぶ。

安全への知恵
情報社会の危機から身を守り，危険を予測し，被害を予防する知識や態度。
小学校：危険なものには近づかない，もし不適切な情報に出会ったら大人に相談するなど適切に対応できる態度を学ぶ。
中学・高等学校：情報社会の特質を意識しながら安全に行動する態度や，自他の安全や健康に配慮した情報メディアとのかかわり方を学ぶ。

情報セキュリティ
生活の中で必要となる情報セキュリティの基本的な考え方，情報セキュリティを確保するための対策・対応についての知識。
小学校：ID やパスワードの保護や不正使用・不正アクセスの防止などを学ぶ。
中学・高等学校：情報セキュリティの基本的な知識を身につけ，セキュリティ対策の立て方を学ぶ。

　すなわち，情報モラル教育は，情報社会で適切に対応できる力を育成するものであると言える。このことは，初等中等教育で言えば，全教科・領域横断的に，生活指導を含めた学校全体で取り組むことであると考える。

　では実際にどのような授業が想定できるのだろうか。ここでは，2つのテーマについて，授業例を示していく。

○情報リテラシーをテーマにした授業例
　第6学年・総合的な学習の時間の「ケータイ・スマホメールの良さと問題点を考えよう」である。「メールの基本的な仕組みと使い方を理解する。」「画像や音声など様々データを添付できることや，一度に複数の相手に送れることなど，メールの良さに気付く。」「文字によるコミュニケーションではトラブルが生じやすく，けんかになったり，いじめのきっかけになったりすることを知る。」「チェーンメールや迷惑メールなどの問題点を知り，その対処法を理解する。」ことをねらいとする。児童・生徒は，現状においても，さまざまな新しい情報機器やしくみと関わることが予想される。そこで，その関わり方について考えさせる場を授業でもつことが重要である。

○著作権など知的財産権をテーマにした授業例
　第6学年・総合的な学習の時間，創作物の利用に関するルールやマナーを知り，実生活での判断力と態度を養うことを目標とした「著作権について考えよう」という単元である。授業者は，本授業に向けて「今までの学習をふまえ，創作物にはそれを作った人がいて，作品に対する思いがあることを押さえたい。著作権を保護するとは特別なことでなく，

相手のことを考える，自分がされて嫌なことはしないという思いやりの気持ちを持つことであることに気づかせ，規範意識につなげていきたい。」としている。授業後に授業者は，「アンケートをもとに児童に身近な事例を出すこと，児童がよく知っているアーティストを素材にすること，教え込みではなく討論形式で考えさせるという授業デザインをしたことによって，一人ひとりが自分の問題として著作権を捉えることができたと考える。」と述べている。

3.　情報モラル授業の配慮点

　本節では，情報モラル授業の配慮点について，あげていきたい。

○自分の問題としてとらえさせるような課題の検討

　情報モラルに関する授業は，児童・生徒が自分の身近な問題ととらえない限り，意識の変容，ひいては態度化には結びつかないと思われる。予定通りのテキストなどを使い，「〜を大切にしましょう。」「〜をしないようにしましょう。」というようなスローガンだけでは身に付かない。そのためには，学級の実態をふまえ，題材を柔軟に設定する必要がある。また，授業の場面だけでなく，朝の会などで生活指導として扱うなどの工夫も検討したい。

○実際に考えさせる場の工夫

　座学で終始するのではなく，実際にコンピュータを使うなどの活動を伴ったり，話し合いや個々が考える時間を保証したりしながら進めることも重要である。また，SNSなどでは，コンピュータや端末，ケータイ・スマートフォンで入力するときは画面に向かっているが，実際は，画面の向こう側に人がいるということを実感させるような指導が必要で

ある。

○授業づくりへの柔軟な対応

　情報モラルの授業は，一部の教科だけで実施するものではなく，各教科のねらいを達成するような題材を検討する必要がある。また，教師自らが授業を実施することは大事だが，内容によっては，外部講師の活用も検討したい。例えば，ケータイやスマートフォンについての専門家を<ruby>招<rt>しょう</rt></ruby><ruby>聘<rt>へい</rt></ruby>することで，児童・生徒にとって緊張感のある授業になるだけでなく，教師にとってもその後の学習や生徒指導に生かせる情報を得ることができる。

○デジタル教材などを活用した体験型授業の実施

　単に，授業が講義調に終わるのではなく，なんらかの体験や実習が伴った授業の実施であれば，結果的に児童・生徒の知識・理解の定着にも結びつくものと思われる。例えば，「個人を限定しない不特定多数の人間が自由に入れる場（SNS 等）で，自分や家族及び友だちの情報を流してしまったとき，どのような災いが降りかかってくるか。」といったことを体験的に学習し，自分ならどうするのかを考えさせることも重要である。

○教師個人で抱え込まない情報モラル教育の実施

　情報モラル教育の実施には，教師自身がネット社会で起こっている事柄について理解していたり，児童・生徒が陥りやすい事例について把握したりすることが重要である。また，どのように授業を進めていくのかについても，十分に検討しておく必要がある。しかし，これらを教師個人で抱え込むには限界があると思われる。校内で系統的な指導計画を作

り，指導計画を徹底させることなどが重要である。また，地域によって
は，教育委員会と地域内の教員メンバーが共同で，市内の小中学校のた
めの情報モラル教育のモデル授業の開発・公開を行ったり，SNS など
で情報共有などを行ったりしているところもある。

　以上，配慮点を述べてきたが，情報社会に参画する態度の形成におい
ては，児童・生徒のために，学校，家庭，地域が連携して取り組むこと
が重要である。学校においても，保護者懇談会，PTA 総会，地域の情
報モラル関連の研修会などの機会をとらえ，啓発につとめるよう管理職
をはじめ学校ぐるみで取り組む必要がある。

出典・参考文献

・国立教育委政策研究所（2011）情報モラル教育実践ガイダンス
　https : //www.nier.go.jp/kaihatsu/jouhoumoral/guidance.pdf（2021. 01. 31取得）
・久保田裕（2006）『情報モラル宣言』ダイヤモンド社
・文部科学省（2020）「教育の情報化に関する手引」（追補版）
　https : //www.mext.go.jp/content/20200622–mxt_jogai01–000003284_001.pdf
　（2021. 01. 31取得）
・内閣府（2020）令和元年度　青少年のインターネット利用環境実態調査
　https : //www8.cao.go.jp/youth/youth–harm/chousa/r01/net–jittai/pdf–index.html
　（2021. 01. 31取得）
・総務省（2020）令和 2 年版情報通信白書
　https : //www.soumu.go.jp/johotsusintokei/whitepaper/ja/r02/pdf/index.html
　（2021. 01. 31取得）
・総務省（2011）平成23年版情報通信白書
　http : //www.soumu.go.jp/johotsusintokei/whitepaper/ja/h23/html/nc213110.html
　（2021. 01. 31取得）

8 | 初等中等教育における ICT 活用に関する教員研修

中川一史

《目標＆ポイント》 初等中等教育に関して各地域で行われている教員研修が
どのように行われているか解説する。
《キーワード》 初等中等教育，ICT 活用，教員研修

----

1. 初等中等教育における教員研修の考え方

　近年，学校を取り巻く環境が大きく変わってきている。ベテラン教員
の大量退職にともない，若手教員の大量採用時代に入った。そのため，
学校内でこれまで当たり前に行われてきた日常的な教育技術の伝承や振
る舞いについての助言などがうまくいっていない状況が起こっている。

　2011（平成23）年4月に文部科学省から公開された「教育の情報化ビ
ジョン」においても，教員支援の在り方として，「（略）地方公共団体に
おいては，例えば，教育委員会や教育センター等における，国が養成し
た研修指導者を活用した研修や校内研修等の指導者養成，大学等と連携
した ICT 活用指導力向上のための講習・授業研究等の実施等，具体的
な授業に即した演習等を中心に実施することが考えられる。これらの研
修の成果は，校内研修において学校全体に行き渡るようにすることが重
要である（略）」と指摘している。

　2015（平成27）年12月に公開された中央教育審議会「これからの学校
教育を担う資質能力の向上について〜まなびあい，高め合う教員養成コ

ミュニティの構築に向けて〜」では，教員研修に関する課題として，研修そのものの在り方や手法も見直し，主体的・協働的な学びの要素を含んだ研修への転換を図る必要があることを指摘している。

　これらを受けて，国や自治体でそれぞれ研修プログラムの開発や研修の在り方の工夫が進んだ。

　文部科学省が2020（令和2）年に公開した「教育の情報化の手引（追補版）第6章　教師に求められる ICT 活用指導力等の向上」では，「情報社会の進展の中で，一人一人の児童生徒に情報活用能力を身に付けさせることは，ますます重要になっている。また，教師あるいは児童生徒が ICT を活用して学ぶ場面を効果的に授業に取り入れることにより，児童生徒の学習に対する意欲や興味・関心を高め，「主体的・対話的で深い学び」を実現することが求められている。」としている。

2. ICT 活用指導力チェックリスト

　ICT 活用指導力チェックリストは，先の手引によると，教師の ICT 活用指導力向上に関する政府方針，大型提示装置や学習者用コンピュータ等の機器の整備状況など，ICT 活用を取り巻く環境の変化及び「主体的・対話的で深い学び」の視点からの授業改善の推進を踏まえ，2006（平成18）年度に策定，2018（平成30）年度に改訂した。

　教員の ICT 活用指導力チェックリストは，「A：教材研究・指導の準備・評価・校務などに ICT を活用する能力」，「B：授業に ICT を活用して指導する能力」，「C：児童生徒の ICT 活用を指導する能力」，「D：情報活用の基盤となる知識や態度について指導する能力」の4つの大項目から構成（図8-1）されている。

教員のＩＣＴ活用指導力チェックリスト

平成30年6月改訂

ＩＣＴ環境が整備されていることを前提として、以下のＡ－１からＤ－４の１６項目について、右欄の４段階でチェックしてください。

	4できる	3ややできる	2あまりできない	1ほとんどできない

Ａ　教材研究・指導の準備・評価・校務などにＩＣＴを活用する能力

Ａ－１ 教育効果を上げるために，コンピュータやインターネットなどの利用場面を計画して活用する。

4	3	2	1

Ａ－２ 授業で使う教材や校務分掌に必要な資料などを集めたり，保護者・地域との連携に必要な情報を発信したりするためにインターネットなどを活用する。

4	3	2	1

Ａ－３ 授業に必要なプリントや提示資料，学級経営や校務分掌に必要な文書や資料などを作成するために，ワープロソフト，表計算ソフトやプレゼンテーションソフトなどを活用する。

4	3	2	1

Ａ－４ 学習状況を把握するために児童生徒の作品・レポート・ワークシートなどをコンピュータなどを活用して記録・整理し，評価に活用する。

4	3	2	1

Ｂ　授業にＩＣＴを活用して指導する能力

Ｂ－１ 児童生徒の興味・関心を高めたり，課題を明確につかませたり，学習内容を的確にまとめさせたりするために，コンピュータや提示装置などを活用して資料などを効果的に提示する。

4	3	2	1

Ｂ－２ 児童生徒に互いの意見・考え方・作品などを共有させたり，比較検討させたりするために，コンピュータや提示装置などを活用して児童生徒の意見などを効果的に提示する。

4	3	2	1

Ｂ－３ 知識の定着や技能の習熟をねらいとして，学習用ソフトウェアなどを活用して，繰り返し学習する課題や児童生徒一人一人の理解・習熟の程度に応じた課題などに取り組ませる。

4	3	2	1

Ｂ－４ グループで話し合って考えをまとめたり，協働してレポート・資料・作品などを制作したりするなどの学習の際に，コンピュータやソフトウェアなどを効果的に活用させる。

4	3	2	1

Ｃ　児童生徒のＩＣＴ活用を指導する能力

Ｃ－１ 学習活動に必要な，コンピュータなどの基本的な操作技能（文字入力やファイル操作など）を児童生徒が身に付けることができるように指導する。

4	3	2	1

Ｃ－２ 児童生徒がコンピュータやインターネットを活用して，情報を収集したり，目的に応じた情報や信頼できる情報を選択したりできるように指導する。

4	3	2	1

Ｃ－３ 児童生徒がワープロソフト・表計算ソフト・プレゼンテーションソフトなどを活用して，調べたことや自分の考えを整理したり，文章・表・グラフ・図などに分かりやすくまとめたりすることができるように指導する。

4	3	2	1

Ｃ－４ 児童生徒が互いの考えを交換し共有して話合いなどができるように，コンピュータやソフトウェアなどを活用することを指導する。

4	3	2	1

Ｄ　情報活用の基盤となる知識や態度について指導する能力

Ｄ－１ 児童生徒が情報社会への参画にあたって自らの行動に責任を持ち，相手のことを考え，自他の権利を尊重して，ルールやマナーを守って情報を集めたり発信したりできるように指導する。

4	3	2	1

Ｄ－２ 児童生徒がインターネットなどを利用する際に，反社会的な行為や違法な行為，ネット犯罪などの危険を適切に回避したり，健康面に留意して適切に利用したりできるように指導する。

4	3	2	1

Ｄ－３ 児童生徒が情報セキュリティの基本的な知識を身に付け，パスワードを適切に設定・管理するなど，コンピュータやインターネットを安全に利用できるように指導する。

4	3	2	1

Ｄ－４ 児童生徒がコンピュータやインターネットの便利さに気付き，学習に活用したり，その仕組みを理解したりしようとする意欲が育まれるように指導する。

4	3	2	1

図8-1　教員のICT活用指導力チェックリスト（平成30年）

（出典：文部科学省，2018）

　また，4項目の内訳は以下のように説明されている。

　「Ａ：教材研究・指導の準備・評価・校務などにICTを活用する能力」は，授業の準備段階や授業後の評価段階のほか，日常的に行われる文書作成や情報の収集・整理などにおいて，教師がICTを活用する能力についての大項目である。この大項目は，児童生徒を前にして「指導」している場面ではないことから，狭い意味での「指導力」には含まれないことになるが，各教科等において効果的にICTを活用して授業を行うためには，授業設計や教材研究，授業評価が極めて重要であることから，広い意味での「指導力」の一部と捉え，大項目の一つとしている。

　「Ｂ：授業にICTを活用して指導する能力」は，教師が資料等を用いて説明したり課題を提示したりする場面や児童生徒の知識定着や技能習熟，意見の共有を図る場面において，教師がICTを活用する能力についての大項目である。ICTを活用して，児童生徒の興味や関心を高めたり，課題を明確に把握させたり，基礎的・基本的な内容を定着させたりするほか，個別学習や協働学習でICTを活用することは教師にとって必要な能力である。そこで，教師が授業の中でICTを活用して授業を展開できる能力を大項目の一つとしている。

　「Ｃ：児童生徒のICT活用を指導する能力」は，学習の主体である児童生徒がICTを活用して学習を進めることができるよう教師が指導する能力についての大項目である。児童生徒がICTの基本的な操作技能を身に付けることや，ICTを学習のツールのひとつとして使いこなし，学習に必要とする情報を収集・選択したり，正し

86

く理解したり，創造したり，互いの考えを共有することなどは，児童生徒にとって必要な能力である。そこで，児童生徒がICTを活用して効果的に学習を進めることができるよう教師が指導する能力を大項目の一つとしている。

「D：情報活用の基盤となる知識や態度について指導する能力」は，携帯電話・スマートフォンやインターネットが普及する中で，児童生徒が情報社会で適正に行動するための基となる考え方と態度の育成が求められていることを踏まえ，すべての教師が情報モラルや情報セキュリティなどを指導する能力をもつべきという観点から位置付けられた大項目である。

GIGAスクール構想により，児童生徒1人1台端末の活用が進んだので，「C：児童生徒のICT活用を指導する能力」は，基本的な技能を含め，授業場面で効果的な活用をしていくだけでなく，授業外でも日常的な活用をしていきながら，マストアイテムとしてのツールにしていくことが望まれる。同時に，1人1台の端末を含め，情報社会とどのように関わっていくのかについて，さまざまな場面を利用して，児童生徒が体験し，考えていく場を保証していくことが重要である。

3. 校内ミドルリーダー養成研修

先の手引では，「ICT活用指導力の向上を図るためには，日常の教科等の指導において，ICTを効果的に活用する教育方法の習得に取り組む必要がある。そして，全ての教師が，このような教育方法を習得していくためには，各学校の校内研修等を通じて浸透させていくことが現実的な方法である。ICT活用指導力の向上を図るための体制を構築するため

には,「校内研修リーダー」の養成が不可欠である。ICTを十分に活用できていない教師等に対して積極的な活用を働きかけ,ICTの効果的な活用方法を浸透させていくうえで,「校内研修リーダー」は大変重要な役割を果たす。」として,文部科学省が2015年に公開した「校内研修リーダー養成のための研修手引き」を紹介している。

　モデルカリキュラムの中では,「①推進普及マネジメント」「②研修計画策定／実施方法」「③ICT活用デモ」「④教育情報化概論（教育の情報化の全体像）」「⑤教育情報化トレンド（最新動向）」「⑥先進・優良事例紹介」「⑦授業ICT活用ポイント」「⑧スキルアップに向けた心構え」「⑨ICT活用授業設計」「⑩授業設計ワークショップ」という10の研修モジュールを示している（図8-2）。もちろん学校の実態や研修日程の条件により,どこかに比重を置いたり,割愛したりすることもあると考えられるし,本手引きにおいてもいくつかのコースを示している。また,詳細の事例の具体例やどのような機器に重点を置くかなどについては,各校実施者が吟味する必要がある。いずれにしても,情報担当リーダーは,これら研修の企画・運営だけでなく,授業そのものの提案や校内組織をマネジメントすることも求められる。

　先の手引では,研修カリキュラムの効果的な実施のために,「校内研修リーダー」が力を発揮できるように,教育委員会や教育センター等の研修機関では,各校の研修体制（リーダーが一人ではなく,チームで所属教師をサポートする等）を支援し,研修内容を充実させる（地域や学校の状況に応じる等）ことが必要である。そこで,留意しなければならないことは,「校内研修リーダー」となる研修受講者が,ICT活用が得意な教師ばかりにならないようにすることや研修内容が機器やソフトウェアの操作等に偏らないようにすることなどである。各研修機関は,「『校内研修リーダー』が,教育の情報化についての理論的・全体的な理

No.	モジュール名	育成したい能力	所要時間(目安)
①	推進普及マネジメント	校内マネジメント力	20分
②	研修計画策定／実施方法	校内マネジメント力	15分
③	ICT 活用デモ	―	5分
④	教育情報化概論 (教育の情報化の全体像)	ICT 授業設計力[3], 校内マネジメント力 ICT 活用力[4], 授業力	15分
⑤	教育情報化トレンド (最新動向)	ICT 授業設計力, 校内マネジメント力	15分
⑥	先進・優良事例紹介	ICT 授業設計力, 校内マネジメント力 ICT 活用力, 授業力	15分
⑦	授業 ICT 活用ポイント	ICT 授業設計力, 校内マネジメント力 ICT 活用力, 授業力	15分
⑧	スキルアップに向けた心構え	ICT 授業設計力, 校内マネジメント力 ICT 活用力	15分
⑨	ICT 活用授業設計	ICT 授業設計力, 校内マネジメント力 ICT 活用力, 授業力	10分
⑩	授業設計ワークショップ	ICT 授業設計力, 校内マネジメント力, ICT 活用力	60~80分

図8-2　校内研修リーダー養成研修モデルカリキュラム

（出典：文部科学省，2015）

解を踏まえながら，それぞれ自分の役割を理解し，ICT を活用して授業改善を図る」という方向性を明示しながら，それぞれの地域や学校の特性等に応じた研修が実施できるように配慮してほしい。」としている。

　中川らは，情報教育推進のためのミドルリーダーのための重点ポイントとして，「校内マネジメントにすぐれていること」の以下の8つをあげている（中川ら，2008）。

1：情報教育を具体的にイメージできる教員研修の企画・運営を行うことができる。

2：情報教育を推進するために，管理職，教育委員会へのアプローチを

上手に進めたり，外部の力を活用したりして，必要なリソース（人材，ハード，ソフト，予算等）を確保・管理している。

3：教育における情報教育の役割と必要性について，説得力のある説明を同僚にしている。

4：校内の教員ニーズや実態を明確に把握し，最も情報教育に疎い教員との意思疎通も十分に行っている。

5：情報教育をしている教師の姿・子どもたちの姿を，同僚に見せている。

6：日常的に情報や情報メディアを使うはめになる環境の構築や，より情報教育をしたくなる手だてができる。

7：同僚へタイミングよく情報教育のアドバイス・情報提供をすることができる。

8：情報教育のカリキュラムや授業を形式的に評価する機会を適切に企画・運営している。

　校内をどのようにマネジメントしていくかということは，今後の学校内の教育情報化の推進には，ICT 活用の知識や実践もさることながら，校内での円滑な推進のためにも重要になってくると思われる。

出典・参考文献

・中央教育審議会（2015）これからの学校教育を担う資質能力の向上について〜まなびあい，高め合う教員養成コミュニティの構築に向けて〜，
https://www.mext.go.jp/b_menu/shingi/chukyo/chukyo0/toushin/1365665.htm
（2021.01.31取得）
・文部科学省（2011）教育の情報化ビジョン
https://www.mext.go.jp/component/a_menu/education/micro_detail/__icsFiles/afieldfile/2017/06/26/1305484_01_1.pdf
（2021.01.31取得）
・文部科学省（2020）「教育の情報化に関する手引」（追補版）
https://www.mext.go.jp/a_menu/shotou/zyouhou/detail/mext_00117.html
（2021.01.31取得）
・中川一史，藤村裕一，木原俊行編著（2008）『情報教育マイスター入門』ぎょうせい

9 | 障害のある子どもの教育と ICT 活用

広瀬洋子

《**目標＆ポイント**》 本稿では，"障害"という概念について学び，前半で障害特性を踏まえたうえでの特別支援学校での ICT 活用を概観する。後半では，それぞれの子どもの苦手を克服するという視点から，身近な情報端末を使った ICT 活用に焦点を当てる。ICT 活用の実際を学びながら，人間と技術の関係，障害という概念の変化，教育とは何か，という本質的な問いにも思いを馳せながら学んでほしい。

　本書では，省庁の報告書等を引用するので，それに合わせて「障害」というタームを使用する。近年，「害」の字を好ましくないとして，政府，自治体で「障がい者，障がい児」と表記する動きが広がっている点にも留意してほしい。また，文部科学省の定義にしたがって，児童は小学生，生徒は中学生・高校生を表しているが，総じて「子ども」というタームを使う場合がある。

《**キーワード**》 特別支援教育，障害特性，発達障害，情報端末，モバイル端末（ケータイ・スマートフォン等）の活用

※米国精神医学会の病名等の変更に伴い，日本でも ADHD を「注意欠如多動性障害」，LD を「限局性学習症」とする学会等もある。本章では文部科学省にならい，従来の呼称を主に使用する。

---

1. はじめに

　障害のある人と，障害のない人が可能なかぎり共に学ぶインクルーシブ教育システムは，国連の障害者権利条約に提唱されている考え方である。この条約の締結国である日本は，インクルーシブ教育システムに基

づいて教育制度が作られることになっている。

　さて，障害のある子どもにとって，ICT を活用するということは，どういうことであろうか。それは，ICT 機器を活用することによって，それぞれが抱える障壁を乗り越え，従来できなかった学習を可能にし，子どもたちが，自分たちの未来の選択肢を広げることにつながる。

　障害のある子どもの教育と ICT 活用には，その目的について大きく分けて 2 つの流れがあることを理解する必要がある。一つは，重度の障害のために特別支援学校などで学ぶ子どもたちが，自分の意思を伝える，日常の生活を過ごしやすくする，といったコミュニケーションの質の向上のための ICT 活用である。

　もう一つは，障害のある子どもが健常者と同じ教育の土俵に立ち，大学などの高等教育を目指すために，「読み」，「書き」，「聞く」などの苦手を補うための ICT 活用である。本章ではその 2 つの視点も含めて ICT 活用を考えていきたい。

2. 障害とは何か？

　ここで「障害」とは何か，障害とはどういう状態を指すのか，について考えてみたい。

（1）医学モデルと社会モデル

　障害者に関する記述の多くは，視覚，聴覚，肢体不自由，内部障害，発達障害，精神障害等に類別され，それが医学用語に従ってさらに細分化され，等級付けられている。長い間，「障害」は医学の名の下にカテゴリー化され，社会の中で動かし難い事実として人々に認識されてきた歴史を持つ。そういう考え方を「障害の医学モデル」という。

　20世紀後半になって，障害とは，人間と環境の間で起きる "不都合"

という考え方が出てきた。社会生活の中で障害者が受けるさまざまな制限や不都合は，障害そのものに起因するものではなく，社会におけるさまざまな環境の中で生じるものである，という考え方である。つまり，障害と環境を調整したり，バリアとなるものを取り除けば，障害は軽減したり，消滅したりすると考える。これを「障害の社会モデル」と呼ぶ。現在，障害者差別を禁止する多くの国々の取り組みは，この社会モデルという考え方を基本にしている。

　ここで，道具や支援テクノロジーと障害について考えてみよう。例えば，私たちにとって身近な「眼鏡」を例に考えてみよう。「眼鏡」は日本に16世紀に伝わったと言われているが，一般に使用され始めたのは明治以降であろう。長い人間の歴史の中で近視や遠視など視力に問題を抱える人は少なくなかったはずである。遠くがよく見えない人は，天候の変化や波の形状などを観察することは難しく，狩猟や漁業の生活においては肩身が狭かったに違いない。文字を読むことが重視される時代になると，視力が弱い人は，まさに情報弱者になり，重要な仕事に就くことは難しくなっていったのであろう。しかし今では，私たちは当たり前のように眼鏡をかけて生活を送っている。眼鏡によって，人間と環境が調節され，"本が読みにくい"という「障害」が消滅ないし軽減される。眼鏡をかける多くの人々を人は「障害者」とは呼ばない。車椅子ユーザにとってのスロープやエレベーターも同様である。情報技術，パソコンの出現，ICT活用も同じような視点で捉えることができるだろう。今日では多様な「障害」を軽減，消滅させる支援テクノロジーとなっている。環境によって，技術の進展によって，「障害」は変化していくということである。

（2） 多様な「障害」を理解するために

　今日，教育の現場では，障害に対する見方が大きく変化している。それは障害が多層化しており，重複障害も増加してきているからである。そのため以下の点に留意してほしい。

① 障害をステレオタイプで捉えてはならない。

　例えば，視覚障害といっても，盲，弱視など，それぞれの抱える困難はさまざまである。見えにくさが同程度であっても，個人の成育歴や見えなくなった時期，その後の家庭や教育環境などによって，個人の能力やニーズは異なる。同じことは聴覚障害にも当てはまる。聴力レベルが同じであっても，相手の言葉を推測し，理解する力には個人差があり，当事者にとって必要なコミュニケーションの方法は多様である。

② 発達障害のある子どもの数の増加。

　近年，発達障害について関心が高まっている。文部科学省の調査によれば，全国の公立小・中学校の通常学級に在籍する児童生徒のうち，人とコミュニケーションがうまく取れないなどの発達障害の可能性のある児童生徒が6.5％に上るという。自閉スペクトラム症や，ADHD（注意欠陥多動性障害）から不特定の発達障害まで，それぞれの抱える問題は一様ではなく，また，こうした発達障害がほかの障害と重複している場合も少なくない。上述した障害の多様性について留意しながら，学びを進めてほしい。

3.　特別支援教育における ICT 活用

　本節では，文部科学省の特別支援教育について説明し，次に特別支援学校における，それぞれの特性に沿った ICT 活用を紹介する。

　以下は，文部科学省の「特別支援教育に関する考え方」である。

　「特別支援教育は，障害のある子供の自立や社会参加に向けた主体的な取組を支援するという視点に立ち，子供一人一人の教育的ニーズを把握し，その持てる力を高め，生活や学習上の困難を改善又は克服するため，適切な指導及び必要な支援を行うものである。また，特別支援教育は，発達障害のある子供も含めて，障害により特別な支援を必要とする子供が在籍する全ての学校において実施されるものである。」

　以下に学びの場を整理する。
１．特別支援学校
　障害のある幼児児童生徒に対して，幼稚園，小学校，中学校又は高等学校に準ずる教育を施すとともに，障害による学習上又は生活上の困難を克服し自立を図るために必要な知識技能を授けること目的とする学校。
２．特別支援学級
　小学校，中学校等において障害のある児童生徒に対し，障害による学習上又は生活上の困難を克服するために設置される学級。
３．通級による指導
　小学校，中学校，高等学校等において，通常の学級に在籍し，通常の学級での学習におおむね参加しながら，一部特別な指導を必要とする児童生徒に対して，障害に応じた特別の指導を行う指導形態。
４．通常の学級
　小学校，中学校，高等学校等にも障害のある児童生徒が在籍しており，個々の障害に配慮しつつ通常の教育課程に基づく指導を行っている。

　特別支援学級に在籍する児童生徒の障害の種類には，弱視，難聴，知的障害，肢体不自由，病弱・身体虚弱，言語障害，発達障害，自閉症・情緒障害などがある。しかし，上述したように重複障害のある者も多数在籍していること，また，義務教育段階の児童生徒数が年々減少する一方，特別支援教育を受ける児童生徒数は増加している点にも留意する必要がある。

　図9-1は，2020（令和2）年度，「障害者白書」（内閣府）の中にある「特別支援学級」の児童生徒の増加を示したものである。

　2019（令和元）年に「学校教育の情報化の推進に関する法律」が公布・施行され，「GIGAスクール構想の実現」が発表された。これにより学校現場では，1人1台端末と高速大容量通信ネットワークの整備が行われ，ICT環境の充実が急速に進められている。

　特別支援教育においてもICTの活用は重要視されている。

　ここで，障害の特性に合ったICT活用について紹介する。

（1）視覚障害者の場合

　視覚障害：視力や視野などの視機能が十分でないために，全く見えなかったり，見えにくかったりする状態をいう。

　パソコンによって，点訳が飛躍的に進み，点字利用者が普通の文字の文章を手軽に読み書きできるようになった。特別支援学校においては，視覚障害の子どもには，デジタル化された情報を音声リーダーで読み上げること，あるいはピンディスプレイで点字化したものに触れることで"読む"ことを推進している。また，コンピュータやタブレットの画面が見にくい弱視の子どもには，アクセシビリティ機能を使って音声読み上げ，画面の拡大表示や色の調整，白黒反転機能など，一人ひとりの見

え方により設定が可能である。

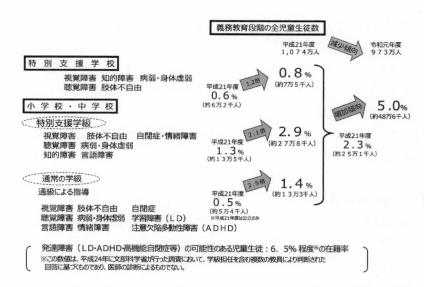

図9-1 特別支援学校等の児童生徒の増加の状況（障害者白書，2020（令和2）年版）

（出典：文部科学省，2021）

（2）聴覚障害者の場合

聴覚障害：身の回りの音や話し言葉が聞こえにくかったり，ほとんど聞こえなかったりする状態をいう。

これまで，聞こえないことを補うために，プリント教材や，板書の工夫，掲示物の配慮等，さまざまなノウハウが活用されてきた。例えば，デジタルコンテンツと大型ディスプレイや電子黒板等を使い，よりわかりやすい授業が展開されている。スマホやタブレットなどを利用することで，教員や友だちの声を音声認識によって文字化して手元で読むことも可能になった。しかし，誤って変換された文字情報は人の手で修正する必要がある。

（3）知的障害者の場合

知的障害：記憶，推理，判断などの知的機能の発達に有意な遅れが見られ，社会生活などへの適応が難しい状態をいう。

視覚，聴覚の障害を補完するICTの利活用が進展する中で，知的障害のある子どもの学習を目的とした学習用ソフトウェアがある。知的発達に応じた，わかりやすい指示や教材として，例えば，算数の場合，数え方等を視覚化して見せる学習ソフトもある。その他，時間を視覚化するソフトや，意思表示アプリ等も活用されている。

（4）肢体不自由者の場合

　肢体不自由：身体の動きに関する器官が，病気やけがで損なわれ，歩行や筆記などの日常生活動作が困難な状態をいう。

　情報機器の活用においては，子どもの機能の障害に応じて，適切な支援機器を選択し，一人ひとりのニーズに合ったきめ細かなフィッティングが必要である。同一部位の障害の場合でも，それぞれの子どもの成長や，体調の変化などによって，細かい調整が必要となるからである。通常のキーボード，マウスなどの入力装置などは使えないケースが多く，代替の入力機器を選択することが多い。コンピュータのオン・オフを操作するスイッチや，大型の50音キーボード，タブレット型のキーボード，ジョイスティックやトラックボールなど，マウス操作を容易にする機器などが利用されている。体を動かすことが困難な子どもには，視線入力支援機器も活用されている。

（5）病弱・身体虚弱の子どもの場合

　病弱：慢性疾患などのため継続的な医療や生活上の規制を必要とする状態をいう。

　身体虚弱：病気にかかりやすいため継続して生活上の規制を必要とする状態をいう。

　病弱の子どもの場合，多様な慢性的な心身の病気で入院あるいは通院治療中であることが多い。そのために，適切なコミュニケーションの学習機会や身体活動のチャンスが少ない。

　しかし今日，医療の進歩によって小・中学校と特別支援学校との間での移籍頻度が上がっている。そのため，特別支援学校では，より具体的

な情報活用能力の育成に力を注いでいる。一人ひとりの病気の種類や程度が異なるために，実際の支援ニーズは多様であるので，それぞれのニーズにきめ細かく対応する必要がある。

例えば，入院中や自宅療養中にインターネットを活用することで家族や友達との交流や授業への参加，オンライン会議システム等を活用したリアルタイムのコミュニケーション，インターネット等を活用した疑似体験等が可能になっている。こうしたことは，子どもにとって孤独を解消し，心理的な安定をもたらし，健康回復につながっていく。

文部科学省はメディアを利用して行う授業について以下のような制度の弾力化を図っている。2018（平成30）年に，小・中学校における病気療養児童に対する同時双方向型授業配信を行った場合，指導要録上出席扱いすることができるようになった。

2019（令和元）年に，高等学校等の生徒が，メディア授業を病室等で受信するときに必ずしも当該高等学校等の教員を配置する必要がなくなった。

2020（令和2）年には，高等学校等で全課程の修了要件である74単位のうち，メディア授業は36単位を超えないものとされているが，病気療養中の生徒には，その限りではないとされた。

（6）発達障害の子どもの場合

LD（Learning Disability：学習障害）とは，知的発達の遅れは見られないが，聞く・話す・読む・書く・計算するなど，特定の能力に著しい困難を示すものである。ADHD（注意欠陥多動性障害）と，自閉スペクトラム症については，後半で詳しく説明する。

聞くことはできるが，読むことが困難な場合は，タブレットを活用し，電子化された教科書の文章を音声で聞く。話すことはできるが書く

ことが困難な場合は，文字を鉛筆で書くのではなく，キーボードで入力する。的確な言葉を選んで気持ちを伝えることが難しい場合は，絵カードを使って音声出力するなど，さまざまなアプリが開発されている。視覚，聴覚，その他の障害のある子どもの活用例は，発達障害のある子どもにとっても有効である。

（7）重複障害の子ども，重度の障害の場合

　重複障害とは複数の障害があることである。特別支援学校には，複数の障害のある子どもが在籍している。障害が重度化するにしたがって，他者とのコミュニケーションをとることが難しくなっていく場合が多い。

　例えば，盲聾の子どもの場合は，視覚障害者が使うピンディスプレイなどの触覚情報を得られる機器が有効である。その子どもの障害の程度や生育過程の中で，一人ひとりに合ったニーズを捉え，柔軟に対応していく必要がある。

4．発達障害とその特性

　2004（平成16）年に制定された，発達障害者支援法には「発達障害」とは，「自閉症，アスペルガー症候群その他の広汎性発達障害，学習障害，注意欠陥多動性障害その他これに類する脳機能の障害であってその症状が通常低年齢において発現するもの」と定義されている。近年は特に，自閉スペクトラム症などの「広汎性発達障害」に社会の関心が集まっている。

（1）自閉スペクトラム症とその特性

　自閉スペクトラム症とは，3歳位までに現れ，①他人との社会的関係の形成の困難さ，②言葉の発達の遅れ，③興味や関心が狭く特定のものにこだわることを特徴とする行動の障害であり，中枢神経系に何らかの要因による機能不全があると推定される。しかし，症状や特性に幅があり，それが連続しているので自閉スペクトラム症と呼ぶ。

　知的障害を伴うものから，知的障害を伴わないものまで，症状にはさまざまな幅がある。

（2）LD（学習障害），ADHD（注意欠陥多動性障害）とその特性

　LD（学習障害）とは，全般的な知的発達に遅れはないが，聞く，話す，読む，書く，計算する，推論する能力のうち特定なものの習得と使用に著しい困難を示すものである。認知能力のアンバランスが目立つ場合が多く，例えば，会話は学年相当以上にできても，読みはできないといった不均一な特徴がある。

　ADHD（注意欠陥多動性障害）とは，年齢あるいは発達に不釣り合いな注意力，衝動性，多動性を特徴とする行動の障害で，社会的な活動や学業に支障をきたすものをいう。集中力に欠け，指示に従えない，忘れっぽいなどの注意欠陥が見られ，授業中に座っていられない，過度なお喋りなどの多動を示す場合も多い。順番を待てない，人の邪魔をしたりさえぎったりするなどの衝動性が見られる。

　社会には自分の個性や才能を生かして活躍している発達障害のある人も少なくない。しかし，その特性から，生育の過程で周囲からいじめられたり，誤解されたりする場合もある。そうしたことが心の傷となって，うつ状態や，強迫症状などを引き起こし，二次障害を負う場合があることも忘れてはならない。周囲が発達障害の特性をよく理解すること

が大切である。

　次の節で紹介するさまざまな ICT 活用によって，自分の苦手を克服することも重要である。

5.　身近な情報端末（スマホ・タブレット）を活用した 苦手克服術

　ここまで，障害の特性と，特別支援学校における ICT 活用について説明してきた。本節では，子どものニーズの視点からの支援機器や ICT 活用について考えていきたい。今日，スマホやタブレットの普及は子どもの間にも広がっている。そこで，スマホ等を活用して，手軽に便利に，自分の "苦手" をサポートし，毎日の生活や学習に役立てる方法を紹介したい。

　特に，障害のある子どもたちが，大学などの高等教育を目指して学習する際に，大きな助けとなる ICT を活用したツールの使い方を学んでいきたい。知的能力は遅れていないのに，障害のためにベッドから起き上がれない子ども，手を動かすことができない子ども，あるいは発達障害等の特性によって，従来の教室や教育方法では「持てる力を発揮できない」子どもたちがいる。

　この節では，障害のある子どもたちとテクノロジー活用について書かれた『発達障害の子を育てる本：スマホ・タブレット活用編』（中邑賢龍・近藤武夫共著，2019）の中の実践的取り組みを紹介したい。同書は，技術の活用方法を説明しながら，その底流に日本の一律的な学校教育や学習観に対して鋭い問いを投げかけている。同書の2012年版の中で，「長らく学校現場では，みな同じ条件で学習に取り組むことがフェアとされてきた。例えば，足を骨折した子が松葉づえを使うことは認めても，字を書くことができない子どもに，教室内でパソコンを使うこと

を許さなかった。黒板を見にくい子どもにカメラで黒板を撮影することは許さなかった。先生の話を聞くことが苦手な子どもが，スマホの録音機能を使って先生の話を録音することを許さなかった。そういう子ども達は，結局，学習がうまく進まず，ほかの生徒から取り残され，成績不振に陥り，自信をなくしていく。精神的に追い詰められて，自傷行為やひきこもりにつながることも珍しいことではなかった。」と記されている。

日本の教育の中で，「読み」「書き」は基本中の基本である。「教科書が読めない」，「字が書けない」ことが学校の教室の中で，子ども本人にとって，どれだけ屈辱的なことであるか。この言葉にうなずく多くの子どもたちがいるに違いない。

2021年度現在，子どもたちのスマートフォン・ケータイの保有率は，高校生で9割強，中学生で7割，小学生で5割近くと言われている。今後，社会生活においても，学習においても，デジタル機器との付き合いがますます増加していくことは間違いない。障害のある子どもが自分の抱える困難を乗り越えるために，スマホやタブレットを活用していくことは重要である。

障害を克服するためのツールとして，スマホやタブレット，さらにはウオッチ型の情報端末が普及してきている。今や誰もが支援機器を持っていると言えるだろう。ここでは基本的な機能を使った支援の例を紹介する。支援に関わる新しいアプリケーションが毎年のように作り出されていることも留意しておこう。

（1）読むためのツール：文章を読むのが困難な子ども，耳から聞くほうが学習しやすい子どもに有益なツール。LD（学習障害），視覚障害，肢体不自由など。

　子どもの中には，単に視覚的な問題ではなく，文章の見えづらさや，文章をどこで切ったらよいのか，また読んでいる途中で，どこまで読んだか分からないということで悩んでいる場合がある。その子どもにあった解決法を探すことが必要である。

①　教科書やプリントに色のついたクリアファイルをのせると読みやすくなることがある。また，情報端末の画面にフィルターをかけて読みやすくする。
②　情報端末の画面の明るさやコントラストを調整する。画面の白黒を反転させる。色調を変える。
③　章のレイアウトを調整する。文字の大きさ，間隔，行数などを調整する。

　紙面や画面の読みやすさを変えても読みづらい場合，本や印刷物のテキストデータがあれば，スマホの音声読み上げ機能や，読み上げソフトを活用して読み上げることができる。読み上げ速度の調節や，読み手の声（男・女）を選択することもできる。
　テキストデータがない場合は，スキャナとOCR（文字認識）ソフトを使ってテキストデータ化し，読み上げソフトで読む。また，文章をスマホのカメラで撮影し，アプリでPDF化し，テキストデータ化する。
　注意点：Webサイトの文章はほとんど読み上げ可能だが，画像データ，PDFなど，読み上げられないものもあるので注意すること。

（2）書くためのツール：手で文字を書くことが苦手（書字障害），肢体不自由で手が動かせない。字を書くスピードが遅く，板書のスピードについていけない子どもに有益なツール。

① テキスト入力専用機器や，スマホやタブレットでテキスト入力をする。（ローマ字の習得が必要）
② 黒板などをカメラで撮影し，ノート代わりにする。
③ メモ代わりにスマホに音声を記録する

　ただし，注意点としては，ICT機器の教室内への持ち込みの理解と許可について教員や学校側と話し合うことの必要性である。インターネットやゲームで遊んでしまうのではないかという不安や，機器を使わないほかの子どもとの関係を考えると，インターネットとつながらないテキスト入力専用機器のほうが学校からの許可を得られやすい場合もある。

（3）文章作成，ノート作成のためのツール：情報の整理が苦手で文章にできない，文章がうまく書けない，考えがうまくまとまらない子どもに有益なツール。

① アウトラインエディタソフトの活用。文章のアウトラインを常に一覧でき，Wordにも付属している。
② マッピングソフトの活用。付箋にキーワードを書き，並べるのと同じような感覚のソフト。考えがうまくまとまらない，話があちこちに飛びやすい子どもが考えをまとめるのに便利。
③ デジタルノートソフトの活用。矢印や囲いこみを使って，文章を視覚的にわかりやすくする。手書きメモや写真などを付け足すことも可能。

　これらのソフトを活用すれば，ノートや文章を作成するときに，内容を入力しやすく整理できる。ただし使用する子どもの年齢を考慮する必

要がある。

（4）聞くためのツール：先生の声が聞こえない，人の会話が聞こえない聴覚障害の子どもや聴覚過敏で雑音などのため授業に集中できない子どもに有益なツール。

　聴覚障害の場合，授業の内容を事前にプリントで渡すことが必要である。また，聴覚過敏でほかの物音などに気をとられやすい場合にはノイズキャンセリングヘッドホンや耳栓などを活用し，集中力を高めることもできる。

（5）記憶を助けるツール：覚えることが苦手，書字障害でメモがとれない，聞き取りが苦手な子どもに有益なツール。

①　デジタルカメラの活用。
②　スマホの録音機能で，メモ代わりに録音。
③　データをクラウド・ストレージに保存し，必要に応じて取り出し，仲間や家族と共有することも可能。

（6）時間の管理や日常生活を助けるツール：予定を忘れたり，計画を立てたりするのが苦手，時間の感覚がない，好きなことに熱中しすぎる子どもに有益なツール。

①　アラーム機能の活用：キッチンタイマーや，目覚まし時計も役立つが，スマホのアラーム機能を使いこなす。
②　インターネットで管理するオンラインカレンダーやオフラインのス

ケジューラなど。Google や Yahoo には，無料のオンラインカレンダーがある。

③　スマホのアラーム機能とオンラインカレンダーの連動。

④　メールでお知らせ。予定の時間になったら，子どもにメールが届くようにする。自分で出しても，親に出してもらってもよい。

⑤　時間の見通しをもたせるために，残り時間を円グラフや棒グラフのように示し，量的に把握しやすく表示するタイマーを活用する。

6.　障害者差別解消法と合理的配慮

　国連障害者権利条約は，2006年に国連総会で採択され2008年に発効し，日本も2013年に批准した。この条約は，障害者の人権および基本的自由の享有を確保し，障害者の固有の尊厳の尊重を促進することを目的としている。この条約に後押しされる形で，日本では2016年に障害者差別解消法が施行された。そして，障害のある人が社会的に排除されないために，環境を変更，調整することを「合理的配慮」として，教育の現場でも求められるようになった。しかし，「合理的配慮」とは，あらかじめ決められた支援や配慮ではなく，その子どものニーズにあった学習環境の変更や調整などを行うことであり，その教育機関にとって過度な負担を課さないものをいう。過度な負担とは教育への影響，実現の可能性，費用負担，教育機関の規模や財政状況等を鑑みての判断である。（詳しくは，第14章「高等教育における障害学生支援と ICT 活用」を参照してほしい。）

7．先進的取り組みの例

DO-IT Japan の取り組み

2007年から東京大学先端科学技術研究センターが主催している障害の
ある児童生徒・学生を対象とした教育プログラム DO-IT Japan（https：
//doit-japan.org/）を紹介しよう。プログラム名の「DO-IT」は，Diver-
sity（多様性），Opportunities（機会の保障），Internetworking（インタ
ーネットでの交流），Technology（テクノロジー活用）の頭文字を取っ
たものである。DO-IT Japan では，前述の頭文字となった4つのテーマ
に加えて，それらに関連する「自立」，「自己決定」，「セルフ・アドボカ
シー（自己権利擁護）」をテーマとして，さまざまなプログラムを構成
している。

ここでは，障害のある子どもたちが，初等教育から中等教育へ，そし
て高等教育へ，さらには就労へと移行する過程を，年間を通じた種々の
体験プログラムとインターネットを通じたメンタリング，そしてテクノ
ロジーの活用により支援することを通じて，将来の社会のリーダーとな
ることが期待される人材の育成を目指している。本プログラムの詳細
は，サイトに掲載されているので，参照してほしい。

DO-IT Japan では，長年培ってきた，障害のある子どもたちが，テク
ノロジーを活用して学んでいくノウハウや動画を集めたサイトを提供し
ている。動画は，選抜された中高生を対象に毎夏，開催されているテク
ノロジー・ワークショップの場面を集めたものである。急激な学びの環
境の激変でたじろいだ多くの子どもたちにとって，「こんな方法がある
んだ！」と，大きな支えになったに違いない（https：//doit-japan.org/
2020/06/12/doit-tech/）。

DO-IT JAPAN のスカラープログラムについて

スカラー
学びへの強い希望，社会に向けた発信力とリーダーシップを期待しています。
- テクノロジーを活用した多様な学習方法を知り，学習や生活で実践を希望していること
- DO-IT Japan プログラムの参加を強く希望していること
- 進学・就労へ向けた意欲があること
- 自分の興味や関心のある物事について探求していること
- DO-IT Japan が目指す，多様性理解を広げることに関心があること，またその活動に向けてリーダーシップを発揮できること

　DO-IT Japan は，大きく分けて以下の３つのプログラムから構成されている。「スカラープログラム」「PAL（パル）プログラム」「スクールプログラム」である。今回は，その一つの「スカラープログラム」に関して紹介したい。

　スカラープログラム参加対象者は，障害や病気のある生徒・学生（中学生，高校生，高卒者，大学生，大学院生）である。選抜制で，書類審査・面接を経て，スカラープログラム参加者となる。スカラープログラムに参加する生徒学生は，「スカラー」と呼ばれる。

　全国からの応募があり，障害種別は問わない。人数は，毎年10名程度が選抜され，プログラムに長期にわたって継続的に参加している。

　プログラムの中で，中心的なプログラムが，「夏季プログラム」である。スカラーたちは，親元を離れ，東京大学先端科学技術研究センターで行われる1週間ほどのサマー・スタディに参加する。テクノロジーの利用，大学体験，自分自身や障害についての理解，セルフ・アドボカシー，自立と自己決定などのテーマに関わる，さまざまなプログラムに参加する。

8.　急激な変化と今後の課題

　2020（令和2）年度から実施される新学習指導要領を踏まえた「主体的・対話的で深い学び」の視点からの授業改善や，特別な配慮を必要とする児童生徒などの学習上の困難低減のため，学習者用デジタル教科書を制度化する「学校教育法等の一部を改正する法律」等関係法令が2019（平成31）年の4月から施行された。これによって，これまでの紙の教科書を主たる教材として使用しながら，必要に応じて学習者用デジタル教科書を併用することができることとなった（https : //www.mext.go.jp/a_menu/shotou/kyoukasho/seido/1407731.htm）。デジタル教科書によって，今まで取り残されがちだった障害のある子どもたちの学びが大きく前進していくだろう。

　本稿では，障害のある子どもたちを支えるICT活用を，特別支援教育における活用と，日常的な個人の苦手を克服するための活用という2つの視点から説明してきた。今後ますます技術は進み，ICT機器は障害のある子どもたちにとってなくてはならないツールとなるだろう。

　また，学校，教師側，同じクラスの健常の子どもたちも，障害のある子がツールを活用することに対して理解を深めることが大切である。子どもたちを取り巻く大人たちの視点，ICT の利用を教育にどのように生かすのか，急激に変化する学習環境の中で，私たちが学んでいくべきことはたくさんある。

　障害のマイナス部分のみに焦点を当ててはならない。例えば障害のある子どもの中には，並外れた集中力や得意な分野を持っていることがあり，周囲の者が，早い時期にその子どもの長所や得意なことを見つけて，その能力を育て，励まし，自信を持つように導くことも重要である。

出典・参考文献

・DO-IT Japan　ホームページ　https://doit-japan.org/（2021.9.15取得）
・独立行政法人国立特別支援教育総合研究所（2009）『特別支援教育の基礎・基本』ジアース教育新社
・国立特別支援教育総合研究所　https://www.nise.go.jp/nc/（2021.9.15取得）
・特別支援教育の現状　文部科学省初等中等教育局特別支援教育課（2021年）
https://www.mext.go.jp/a_menu/shotou/tokubetu/002.htm（2021.9.15取得）
・文部科学省資料「障害のある学生の修学支援に関する検討会報告（第二次まとめ）について」2017（平成29）年4月
https://www.mext.go.jp/b_menu/shingi/chousa/koutou/074/gaiyou/1384405.htm（2021.9.15取得）
・文部科学省初等中等教育局特別支援教育課「特別支援学校幼稚部教育要領・特別支援学校小学部・中学部学習指導要領・特別支援学校高等部学習指導要領」平成29（2017）年4月

・文部科学省初等中等教育局特別支援教育課「通常の学級に在籍する発達障害の可能性のある特別な教育的支援を必要とする児童生徒に関する調査」調査結果，平成24（2012）年

・文部科学省「新しい時代の特別支援教育の在り方に関する有識者会議　報告」2021（令和 3）年 1 月
https : //www.mext.go.jp/b_menu/shingi/chousa/shotou/154/mext_00644.html
（2021. 9. 15取得）

・文部科学省「特別支援教育における ICT の活用について」 2020（令和 2）年 9 月
https : // www. mext. go. jp / content / 20200911 − mxt _ jogai 01 − 000009772 _ 18. pdf
（2021. 9. 15取得）

・内閣府　障害者白書　2020（令和 2）年
https : //www8.cao.go.jp/shougai/whitepaper/r02hakusho/zenbun/h2_02_01_01.html（2021. 9. 15取得）

・中邑賢龍，近藤武夫（2019）『発達障害の子を育てる本：スマホ・タブレット活用編』講談社

・日本聴覚障害学生高等教育支援ネットワーク PEP Net-Japan　ホームページ：
http : //www.pepnet-j.org/（2021. 9. 15取得）

10 | 高等教育における ICT 活用

苑　復傑

《**目標＆ポイント**》　第10章から15章までは，高等教育における ICT 活用を考える。小学校や中学校，高校と違って，大学教育は教育内容も高度で専門的であるだけでなく，社会との関係が深い。そのため高等教育の ICT 活用は，①ICT の技術的な特質とともに，②それを支える制度や大学の組織，大学教育の理念，③社会変化と高等教育のニーズ，そして，④ICT 活用のスコープ，の４つの側面を考える必要がある。
《**キーワード**》　新型コロナウイルス，高等教育，遠隔教育，オンライン学習，情報通信技術，ICT，大学の授業，教育機会

　初等中等教育だけではなく，高等教育においても ICT の利用は進んでおり，さらに大きな可能性を持っている。それは2020年からのコロナ禍においても示された。しかし，それは ICT の潜在的な能力の一つに過ぎない。それを体系的に考えておくことが必要である。

1. ICT の特質

　高等教育における ICT（Information Communication Technology）の活用は，従来の授業に ICT を利用するというだけでなく，広い社会的な意味を持っている。そうした広がりを見るためにこの章では，まず ICT がどのような特質を持っているのか（第１節），それが大学教育の理念や組織とどのように関わるのか（第２節），そしてそれが社会的な課題にどのように結びつくか（第３節），さらに ICT 活用のスコープを

考え，続く第11，12，15章への導入と結びとする。

　まず高等教育との関わりにおいて ICT がどのような技術的な特質を
持っているかを整理しておこう。

（1）遠隔性・再現性・双方向性

　第1の基本的特質は ICT が情報を場所や時間の制約を越えて伝える
ことを可能とする，という点である。伝統的な大学の授業では，学生は
授業が行われる場所（教室）に，しかも，その授業時間にいなければな
らない。また，講義の内容はノートしなければならないが，それは記録
としては不完全だし，また授業の場で自ら考えることを阻害することに
もなる。

　インターネットの普及はそうした場所と時間上の制約を一気に取り外
すことを可能とした。インターネットを通して授業を配信することによ
って，学生は必ずしも大学に行かなくても授業を受けることができる
（遠隔性）。また，授業を記録して，それを必要に応じて視聴することも
可能となる（再現性）。さらに，教員と学生は，直接に対面していなく
ても，インターネットを介して会話することができる（双方向性）。

　遠隔性，再現性と双方向性は通常の学生にとっても大きな意味を持っ
ている。しかも，その大学から地理的に離れたところにいる学生や，職
業に就いている成人の学習にとっては特に重要な意味を持っている。

　2020年からのコロナ禍は，まさにこうした ICT 利用のメリットを端
的に示したものと言えよう。コロナ禍によって多くの大学において，大
学への入構自体が制限され，教室における「対面」授業の実施が不可能
となった。これを補ったのが，ICT を利用した「遠隔」授業である。こ
れについて正確な統計はないが，この時期の授業の半数以上がリモート
形態をとっていたと言われる。

（2）大量情報の操作

　第2は，ICTが多量の情報を蓄積，操作・処理することを可能にした，という特質である。もともと教育は知識・情報のやり取りを基にして成立するが，教育の場ではそれは教員の語りや，それに次いで写本，そして16世紀に入って印刷物によって提供されてきた。ICTは，大量の情報を蓄積，操作できることから，重要な知識・情報を文字・図表だけでなく，営造物や音声・画像によって伝えることを可能にする。言わば人間の自然な学習に近い形で豊かな情報を受け取ることを可能にする。

　また，教室での教員の話は授業の場では聞くことができるが，それを再び聞くことはできない。そのためにノートを取ることもできるが，その記録は必ずしも完全ではない。また印刷物は，知識を蓄積することはできるが，それは文字や写真の限られた情報に還元されてしまう。しかも多量の情報を取り出すためには時間がかかる。しかし，ICTは大量の情報を蓄積するとともに，それを効率的に取り出し，操作することを可能とした。

　ICTは単に新しい教材の提供に結び付くだけではない。多量の情報を蓄積・操作する機能は，学生の学習をより効果的に導くための，さまざまなツールをも形成する。また学生がどのような形で学習し，それがどのように学習成果に結び付いているか，を確認することをも可能とする。

（3）規模効果

　第3は，ICT は情報を繰り返し，多量に供給することができる，という点である。伝統的な授業は前述のように，場所と時間の制約を持っているだけでなく，そのために一つの授業を聞く人数は限られている。多数の人にその機会を与えようとすれば，同じ内容の授業を増やさなければならない。そのためにコストが発生することになる。

　印刷物が持つ大きな意味は，それが情報を極めて大量に供給できることであった。しかし，それも物理的にはコストは少なくない。これに対して ICT は同じ内容の情報を，極めて多量に供給することを可能にした。いったん提供するべき情報ができてしまえば，それを受け取る人が何人増えても，その流通にかかわるコストはほとんど変わらない。そうした意味で，ICT は対象の規模が大きい場合には特にメリットがある。

　それは単に同じ物を多量に供給する，という点だけで重要なのではない。従来の授業では，教員と参加する学生が，教室という場で，固定的に結び付けられる。これに対して Web などの ICT は，一方で極めて広い範囲にある情報の送り手と，他方でまた極めて多数の受け手と，一定の固定した枠によって結び付けるのではなく，多数のリンクで結び付けることを可能とする。例えば，特定の先端的な研究分野の優れた教員が授業をする場合に，一つの大学でそこから利益を得る学生は限られている。しかし，他の大学，あるいはほかの国の大学の学生，あるいは社会人で，そうした授業から利益を得る人は多数いるかもしれない。そうした意味でも規模の効果は重要な意味を持つ。

　今回の新型コロナウイルス感染症が大流行する中で展開されたリアルタイムのオンライン授業，オンデマンド・オンライン授業，ハイブリッドの授業などにおいて，こうした ICT の特質と効果を十分に体現できたところである。

2．ICT 活用の条件

　以上のような ICT の特質が発揮されるには，一定の条件が必要である。

（1）教育の理念と方法

　まず第1は，教育の理念や目的，方法が ICT の特質に対応しているか否かが問題になる。伝統的な大学の授業，あるいは講義では，教師は主にコトバによって，一定の論理を伝えることが基軸になっていた。しかもその論理は個々の教員の研究内容に強く影響されていて，伝えられる内容も必ずしも標準化されていたわけではない。

　しかし，ICT の特質を発揮するためには，一定の授業の標準化が行われ，したがって必要な教材を共通化することが必要となる。それはまた授業を何回も再現するためにも不可欠となる。そして，単にコトバだけでなく，視覚や聴覚をうまく活かして一定の知識や考え方を伝える工夫も必要になる。それは教育の理念と方法そのものに関わる。

（2）技術設備，人材，組織

　第2は ICT の利用を可能とする物理的，技術的，組織的，人的な基盤（インフラストラクチャー）である。言うまでもなく ICT はハードウエア機器，教室の施設，学内ネットワークなどを不可欠の条件とする。また，最近の学生はスマートフォン等を持っているものの，パソコンは持っていないという者も少なくない。学生が自由にパソコン，ネットワークを使える環境も必要である。

　同時に，ICT の利用は一定の技術的知識を必要とするから，個々の教員をサポートする組織・体制が必要となる。特に大学の授業は内容が多

様なために，共通の教材よりも個々の教員が独自に教材を作ることが必要となることが多い。その際に一定の技術的な援助が必要となる。

さらに授業管理，学生に関するデータベースの統合などには，事務組織における ICT 活用の体制が必要となる。こうした課題を，学内で組織的にどう構築しているかが課題となる。

（3）政策，制度，市場

第3の条件は，ICT 活用の制度的な基盤である。ICT 活用は上述のように，大学教育の理念自体の見直しを必要とするだけでなく，技術的，組織的，人的な基盤の整備を必要とする。そうした改革を導入するには何らかの政策的な誘導を必要とする場合が少なくない。科学技術基本法（1995）に基づき，5年ごとに策定されてきた科学技術基本計画，すなわち第1～3期（1996～2010）の科学技術予算拡充，第4期の社会実装（2011），第5期の「Society 5.0」（2016）および第6期の科学技術・イノベーション基本計画（2021）などがある。2016年に策定された第5期基本計画で提起した「Society 5.0」のコンセプトは，ICT の浸透が人々の生活をあらゆる面でより良い方向に変化させる，デジタル・トランスフォーメーション15（Digital Transformation － DX）により導かれる未来像と一致するものであった。

他方で，ICT を利用した代替的な教育機関を維持していくためには多くのコストがかかる。政府の負担能力に限りがあるとすれば，学生からの費用負担など，市場のメカニズムが必要であるかもしれない。他方でICT のみによる教育機関を考えるのであれば，通常の大学とは異なる質保証の仕組みも必要となる。そのような制度的な基盤も求められることになる。

実際，政策的に高等教育への ICT 活用を推進することが表明されて

いる。日本内閣府のIT戦略本部は「インターネット等を用いた遠隔教育を行う学部・研究科の割合を2倍以上にすることを目指し，大学におけるインターネットを用いた遠隔教育等の推進により，国内外の企業との連携，社会人の受け入れを促進する」と述べており（「重点計画2008」），これに対応して文科省の「現代的ニーズ取り組み支援プログラム」の一環として，「大学等におけるインターネット等を用いた遠隔推進教育の推進」，政府のデジタル庁の設立に応じて，2020年12月「文部科学省におけるデジタル化推進プラン」が公表されている。その推進に対しては補助金が設定されている。

　こうした動きは，諸外国ではさらに先行して進んでいる。アメリカにおいては「国家教育技術計画（National Education Technology Plan-NETP）」として，1996年，2000年，2005年，2010年，2016年というように，ほぼ5年ごとにICT教育技術の発展計画を打ち出している。中国では，2010年に「国家中長期教育改革と発展計画要綱（2010–2020年）」によって教育部門でのICT活用の指針を打ち出したのをはじめ，「教育信息化中長期発展規画（2021–2035）」の制定，高等教育における双方向の教育課程の拡充を行っている（「双万計画国家級一流本科課程，2019」）。

3.　社会的なニーズ

　本書のこれまでの各章で議論されてきたように，特に初等中等教育におけるICT利用の可能性は極めて大きい。高等教育でのICT活用はそれにもまして大きな可能性を持つのであるが，しかしそれは単純に現在の高等教育の在り方をそのままとして，それがより効率的・高度化する，という意味での変化ではない。むしろ，高等教育そのものの基本的な在り方を変える可能性さえ持っている。そうした議論に入る前に，

ICT 利用という観点から見て，初等中等教育とは，高等教育がどのように異なるのか，またどのような課題に直面しているかについて確認しておきたい。

（1）教育機会の拡大

　第1は，教育機会の拡大の要請である。これは特に経済成長の過程で重要な問題であった。さまざまな制約によって高等教育を受けることができない人々に，より負担の少ない方法で教育機会を作ることは社会的に極めて重要であった。

　現代の日本では若者の高等教育就学率は高くなってきているが，なお高等教育の機会を与えられてこなかった人も多い。また，知識の急速な進歩は，既存の知識・技能の陳腐化を促す。加えて，産業構造が恒常的に変化するために，職業構造も変化し続け，職業人はそうした変化に対応することが求められる。そのためには，職業に必要とされる知識・技能の吸収が不可欠となる。あるいは既に職業生活を終えて新しい生活の知的充実を求めている人々の要求に応えることも必要である。こうした意味で「学びなおし」という成人の教育要求に応えていくことも求められる。

（2）大学教育の質的充実

　第2に，大学教育も小学校や中学，高校と同様に，学校として，教育の効果を高めるために授業の実質化，高度化が重要な課題となっている。4年制大学への就学率は既に5割を超え，専門学校，短大を含めれば7割強に達して，いわゆるユニバーサル化の時代に入っている。それは入学者の資質や進学動機が極めて多様化し，これまでの硬直なエリート的大学教育が必ずしも有効な成果を上げることができないことを意味

している。

　社会経済の情報化・グローバル化の中で，常時，それぞれの大学卒業生に要求される知識や技能は高度化してこざるを得ない。同時に，さまざまな学術分野での知識の拡大，進歩は急速に進んできた。こうした中で，個々の大学生により有効な教育・授業を与え，学生により実質的で高度な学習を行わせることが，これまでにも増して重要となってきたのである。

（3）多様で先端的な教育

　第3に，先端的で多様な教育が必要となっている。初等中等教育においては，基本的には各教科の教育内容は指導要領などで規定されている。教育対象も年齢が限定され，子どもの発達段階もある程度，想定することができる。また学校の組織も基本的には共通であり，その中で行われる授業も基本的には標準化されている。その中で，ICT という新しい技術を授業に使うときの方法・内容と可能性，それを実現するための条件が問題となるのである。

　これに対して大学教育ではまず，その教育内容は極めて多様である。大学教育には初等中等教育のように教科にまとめあげられた標準的な知識があるわけではない。同時にその教え方も極めて多様であって，大学教育に共通の ICT 利用法を想定することは難しい。しかも，高等教育で身に付けるべき知識も常に多様化し，高度化していく。

　こうした要求に一つの大学組織の中だけで応えていくことが，難しくなっている。日本の中や，あるいは世界の中のさまざまなところで提供されている知識を，組織や国境を越えて共有し，提供していくことが必要になっている。

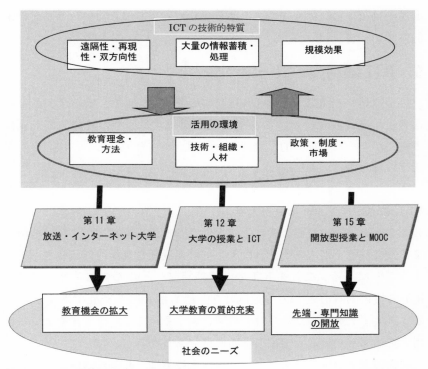

図10-1　高等教育における ICT 活用　　　　　（出典：筆者作成）

（4）ICT 活用の構図

　このような課題に応えるのに，ICT は極めて重要な役割を果たしつつある。本章の課題はそれをさらに立体的に位置付けることである。それを考えるために，①ICT が高等教育に関連してどのような特質を持っているのか，②それが活用されるためにはどのような社会的あるいは組織的な条件が必要なのか，そして，③その組み合わせが，どのような形で

上述の課題に結び付くのか，をあらかじめ考えておきたい。それを概念的に図10-1に示した。

4. ICT 活用のスコープ

以上に述べた ICT の技術的可能性が，一定の条件と組み合わさったときに，高等教育における ICT 活用が実現する。その具体的な形態は多様だが，それを社会的な機能という観点から整理すると，次の3つがあげられる。

（1）放送・インターネット大学

第1は，従来の対面授業による大学教育モデルを越えて，ICT 活用による授業形態を形成し，それによって対面授業を全面的に代替させてしまうことにある。これを ICT の「代替機能」と呼んでおこう。前述の ICT の技術的特質としての遠隔性を，最も活かした機能であると言える。メディアを使った高等教育機関という意味では，ラジオやテレビを用いて始まった放送大学は，その典型であった。

中世の大学の誕生以来，大学における授業は，教室において（時間と場所の共有），教師が学生と向き合うこと（対面）によって成立してきた。そうした要素の組み合わせが，重要な教育機能を発揮することは間違いない。しかし，時間と場所の共有，対面性，という条件が大学教育を受ける機会を制限することにつながってきたことも事実である。

そうした制約は，現代になってより多数の人々が大学に進学することを望むようになって明らかになってきた。明治以降の日本でも，経済的な余裕がなくて大学に進学できなかった人々の数は少なくなかった。さらに大正，昭和になると，仮に経済的な余裕があったとしても，学力試験などによって，進学を制限される人々が少なくなかった。また，大学

のない地域に住む人々にとっても進学には困難が大きかった。

　経済的，時間的，地理的な制約を乗り越えて，大学教育の機会を提供しようとする試みはこれまでもさまざまな形態をとって行われてきたことは言うまでもない。例えば明治期や大正期には大学の「講義録」と呼ばれるものが市販され，それによって学習した若者が少なくなかった。また，国際的に見れば，郵便を用いて教材の配信を行い，学習状況を確認する通信制の高校や大学は，長い間，重要な役割を担ってきた。日本においては，郵便による教材配布とスクーリングが組み合わされた教育は「通信課程」として大学制度の一部に組み入れられている。

　イギリスでは，エリートのものとされてきた大学を大衆に公開するという目的の下に，1969年に，「公開大学」（Open University）が設置された。これはラジオ，テレビなどでの授業と面接授業とを組み合わせて大学教育を行うものであり，高質の遠隔教育のモデルとなった。日本においても1981年に「放送大学」が設置され，ラジオ，テレビと面接授業の組み合わせによる教育を行ってきた。

　こうした遠隔教育は，これまでも大きな役割を果たしてきたし，これからのコロナ後のニューノーマルに向けて，インターネットの活用によってさらに大きな役割を果たすことになる。特にデジタル社会の進展によって，職業上に要求される知識や技能は常に変化し，進歩し続ける。それに対応するためには，大学のキャンパスに一定の期間，通って学習する，という形態をとることは難しい。また，成人にとっても，若いころに不可能であった大学教育を受けたい，という希望を持っている人は少なくない。さらに，職業上の必要から，大学教育によって与えられる専門的な知識の必要を感じている人も少なくない。職業資格の獲得のために大学の学位などの学歴資格が必要な場合もある。特に最近では，大学を卒業した人が，さらに必要な部門での大学院教育を必要と感じる場

合も少なくない。

（2）大学授業の高度化

　第2は，従来の大学で行われてきた，教室における講義，言い換えれば対面的な授業をより効率的・効果的なものにするためのICTの役割である。ICTの技術的特性として，大量の情報の操作，そして，コロナ禍の中で急速に発達しつつある双方向性を，最も活かした分野であるとも言える。こうした機能を，ICTの「補完機能」と呼んでおこう。

　従来の大学教育は，教員・学生が同じ「教室」において対面し，主に教員が話（講義）をすることを中軸として成り立ってきた。それは中世の大学の起源から，ほとんど変わっていない。16世紀の印刷物の登場は，一定の情報を定着させ，利用しやすくするという意味で重要であった。しかしそれらも，抽象的，概念的であることは免れなかった。

　しかし，ICT技術は，パワーポイントのスライドやビデオなどを豊富に自由に駆使することによって伝達できる情報の量と質を飛躍的に拡大させた。これによって概念をより直観的なものとして理解し，また疑似体験することができる。

　さらに，講義の一部をビデオ化し，学生が自由に聴講できるようにする（ストリーミング）ことによって，教室での授業と，学生自身の学習の組み合わせを，より効果的なものとすることができる。こうした方法としての「混合授業」（mixed learning）は，例えば具体的には，大学で行われる従来型の授業において，インターネット，マルチメディアなどを活用することによってサポートし，補完する。ICT活用によるハイブリッド学習（hybrid learning），ブレンディッド学習（blended learning）などは，このタイプの学習形態に属する。あるいはWebを用いた小テストとしての「オンラインクイズ」は，例えば語学などにおいては

有効な学力の確認手段となる。

　また，補助教材として，テキストや静止画，動画などの授業内容をインターネットに掲載し，それを一応理解した上で講義に参加する，「反転授業」（flip teaching）と呼ばれる授業法も関心を呼んでいる。授業で抽象的には理解しにくい項目も，実験プロセスも映像などを積極的に用いることによって，より直観的に理解することができる。

　学生の間で携帯端末，スマートフォンが普及しているのを利用して，電子メール，あるいはブログ，LINE などの SNS を用いて学生が授業への感想を述べたりすることも行われている。

　ICT の機能は授業方法にのみ尽きるのではない。それは，カリキュラム上の単位である単元（コース）の運営にも重要な役割を果たす。宿題の課題の提示，レポートの提出，グループ討論などがインターネットを通じて行われる。また，授業登録，図書館利用，就職指導などにおいて，授業外の活動，手続きなどがインターネットを通じて行われる。それは逆に言えば学生に対する管理が極めて効率的になることを意味する。こうした機能を果たす ICT 上のシステム（プラットフォーム）は，一般にコース管理システム（Course Management System – CMS）と呼ばれている。

　以上のような授業における ICT 活用の動きは，さまざまなレベルで進んでいるが，その普及は必ずしも十分であったとは言えない。それに極めて大きな影響を与えたのが，2020年からのコロナ禍である。大学および大学教員は，この状況の中で言わばやむを得ず，ICT を用いざるを得なくなった。当初は大学や教員がそれに対応できるか否かが危ぶまれていたのであるが，現実にはほとんどの大学が何らかの形で ICT 利用のシステムを作り，また，教員もそれに基づいた授業を行うことができた。

　しかも，大学などで行われた調査によれば，それに対する大学生の反応も必ずしも否定的ではなかった。「授業がよく聞こえる」，「予習していく範囲が明確」，「質問がやりやすい」などの評価が聞こえる。それはこれまでの大学において，いかに授業をシステム化する努力が遅れており，ICT 利用がそれを変化させることに力を発揮したかを意味している。こうした ICT 利用の積極的な側面を十分に発揮し得る大学の組織的な条件，さらに教育理念が極めて重要な要因となる。

（3）開放型教育課程，ムーク（MOOC）

　上記の２つは遠隔教育を活用する教育機関による教育機会の拡大，高度化であったが，これに対して，既存の大学が ICT を利用して，学外を含めた広い対象に学習の機会を与える動きもある。これは ICT の技術的特性としての遠隔性とともに，個別大学の枠を越えて幅広い需要に対応する，という意味で規模効果を活かすものと言える。これを ICT 活用の「拡張・開放機能」と呼んでおこう。

　その一つの形態は，インターネットを用いて，特に成人学生に対して教育課程の一部を提供することである。特に専門化した分野での教育資源をキャンパス外に公開するところに特色がある。一部の大学では，こうした正規の学位コースに相当する学位を出している。あるいは修了証明書（diploma）などの学習証明書を発行する，正規の学位の一部の単位とすることなども行われている。

　もう一方で，大学における授業のビデオや教材を，大学外に公開する運動も広がっている。MIT によって始められたオープン・コース・ウェア（Open Course Ware – OCW）はその代表的なものである。さらに2010年以降，大規模公開オンライン授業（Massive Open Online Course – MOOC）と呼ばれる，授業公開形態が登場した。これは教材だけでな

く，双方向での通信を含めた学習形態を，大学の枠を越えて行おうとしている。これに対応してオンライン学習による単位の取得と資格付与，学位取得のプログラムが開発されつつある。

　以上では高等教育における ICT 活用の機能を 3 つに大別して述べてきたが，この区分は必ずしも排他的なものではない。通常の大学でも，授業で ICT を活用するものについては，必ずしもキャンパスに常時いなくても勉学を続けることも可能であろう。あるいは伝統的な対面教育の代替と，高等教育機会の拡張・開放とは，明確に区別しにくい点もある。しかし，これらの 3 つの側面をとりあえず区別しておくことは，さらに考えを進めるうえで一つのステップとなる。

　ここまでは，ICT の技術的な特質→活用の条件→ICT の機能，という順序で議論してきた。しかし，それは説明のためにあえて単純化して図式的に述べたものである。現実の ICT の活用はさまざまな経緯で起こる。一定の活用形態がすすめられ，それが大学内での組織的な基盤を作るニーズ，あるいは新しい ICT 技術の形成につながる，といった経緯を取ることもあり得る。そうしたダイナミズムの中で，ICT 活用の現実と課題を考えることが必要である。2020年のコロナ禍の中での大学授業の全面オンライン化は，まさに一つの実践的な好例である。

　以上に述べた構図を念頭に置きつつ，以下の 3 つの章で，さらに立ち入って考える。すなわち第11章では，ICT の代替的機能について，日本と中国の放送大学の事例について述べ，また Web のみで教育を行う大学，教育課程とその問題点を考える。第12章では，主に ICT の補完的機能に着目して，大学の授業への ICT 利用について述べる。第15章では，拡張・開放的機能に着目して，開放型授業（OCW），大規模公開オンライン課程（MOOC）の動きについて述べる。

出典・参考文献

・苑復傑「大学におけるメディア利用システム」,『メディア教育研究』第2号, 1999年
・閣議決定「科学技術・イノベーション基本計画」, 2021年3月
・金子元久「コロナ禍後の大学教育─大学教員の経験と意見」東京大学大学院教育学研究科　大学経営・政策センター（CRUMP）, 2021年
・文部科学省「デジタルを活用した大学・高専教育高度化プラン」, 2021年
・Society 5.0 に向けた人材育成に係る大臣懇談会「Society 5.0 に向けた人材育成─社会が変わる, 学びが変わる」, 2018年
・U.S. Department of Education, Office of Education Techonology, "Reimagining the Role of Technology in Higher Education, A Supplement to the National Education Technology Plan.（https : //tech.ed.gov/netp/）, 2017

11 │ 放送大学・インターネット大学

苑　復傑

《目標＆ポイント》　①高等教育における ICT 活用の第一段階は遠隔教育によって，従来の大学に代わる教育機会を提供することから始まった。②日本の放送大学はそうした目的から始まったが，社会的なニーズは，社会の変容とともに変化しつつあり，それとの対応が問題となっている。③また，インターネットのみを用いて授業を行うインターネット大学も作られているが，一部で質の保証が問題となっている。④国際的に見れば，特に中国の遠隔高等教育は，市場メカニズムを交えたダイナミックな組織と運営形態によって拡大し，人口100万人当たりの学生数でも日本よりも格段に大きくなっている。
《キーワード》　放送大学，インターネット大学，広播電視大学，高等教育の機会拡大，ICT の代替機能

　放送メディアを中心とする ICT を用いて教育機会を拡大する放送大学は1970年代から世界の各国で活動してきた。この章では放送大学の代替教育機関としての役割を整理し，日本の放送大学の成立と課題を述べ（第1節），いま拡大しつつあるインターネット大学の展開とその問題点について述べる（第2節）。さらに中国における遠隔教育による成人教育の拡大メカニズムを分析する（第3節）。

1.　放送大学

　ICT の技術的な特性の第一は遠隔性である。その観点から言えば放送大学は ICT 活用の基本と言えよう。放送大学は，既存の大学の機能を

放送メディアを軸として代替し，高等教育の機会を拡大するものとして世界各国で設置され，役割を果たしてきた。

（1）代替教育機会への需要

ICT が教育に大きな意味を持つ機能として，その遠隔性，再現性がまずあげられることが多い。それによって大学のキャンパスにおいて，教員は授業に出講しなければならない，という場所・時間の制約を越えることができる。しかし，それが教育を受ける人の側から見て，どのような意味を持つかを，まず考えておきたい。言い換えれば遠隔機能が，高等教育への需要のどのような部分に対応するか，という点である。

これを整理するための枠組みとして，図11−1を考えた。図の縦軸は，教育機会によって何を求めるのかに対応している。一方では，こうした機会を利用して，大卒の学歴や職業資格を得ることを求めている人がいる。これを「学歴資格志向」と呼んでおこう。他方で学歴を目的とするわけではなく，学習そのものの体験に意義を求めている人もいるだろう。これを「学習志向」と呼ぶ。

もう一つの横軸は求める教育の内容に対応する。一方では，特定の目的につながるものではなく，一般的な教養あるいは，総合的な内容に対する需要がある。他方で，一定の職業に関連する専門的な知識に対する要求がある。

これらの2つの軸を組み合わせると，4つの象限ができることになる。

① 一般の大学と同様の教育内容と，学士などの学歴を求める。言わば既存の大学の代替の機会として，放送大学に入学することを求めるものである。これを狭い意味での代替需要と呼ぶことができる。

② 特定の分野の職業知識についての学習によって，学歴資格を求めようとするものである。ただし，この場合には通常の学士ではなく，む

　しろ専門分野での職業資格が目指される。例えば司書教諭資格などが
　目指される。
③　学歴資格よりも，学習の体験そのものを目指す学習需要である。既
　に職業を離れた人が，あらためて学習の機会を求める場合がこれに当
　たる。
④　職業に関連する知識を，必ずしも資格にこだわらずに求める。ただ
　し，この場合には，学習の履歴を何らかの形で認証することを求める
　ことが多く，その意味では②と近い。

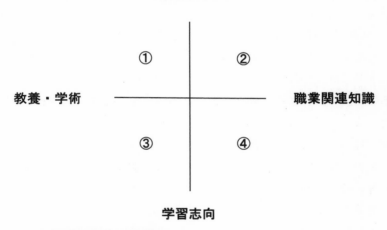

図11-1　代替教育機会への需要

（出典：筆者作成）

　ICT を用いた代替教育機関は，以上のような需要に対応するが，それ
は ICT の特性と社会構造の変化によって，大きくシフトしていく。以
下では日本の放送大学について，その経緯を見てみよう。

（2） 放送大学の設置

　1970年代から世界各国において放送メディアを用いて成人のための教育機関を政策的に設置する動きが広がった。その典型的なケースが，イギリスにおけるオープン・ユニバーシティ（Open University）に始まる。

　もともと厳しい階級制度によって特色付けられてきたイギリスでは，戦後，教育機会の開放が重要な政治的課題となった。しかし，イギリスの大学は長い歴史を持ち，その拡大に極めて慎重であった。1960年代にはそのため，短期高等教育機関としてポリテクニックが作られる，などの動きもあった。同時に，放送媒体を中心として全く新しい形態の大学を作ることが試みられた。それがオープン・ユニバーシティであり，1969年に設置され，71年から学生を受け入れた。

　オープン・ユニバーシティはラジオ，テレビによって授業を放送するが，同時に専任の教員が学生に対して，対面授業をも行うところに特徴があった。これによって既存の大学との同等性を保証することが意図された。また，大学は教育だけでなく，研究をも行うことになっており，実際，採用された教員には高い研究業績を持つ者も少なくなかった。また，独自に高水準の教科書を編集した。このような意味で，既存の大学と同等の教育を異なる形態によって代替する機能を持つことが意図されたのである。

　日本の放送大学の設置の経緯を整理すれば以下のようになる。まず一つの契機になったのは，1960年代末に技術革新によって生じた電波帯を用いて，教育放送を行うという案に過ぎなかった。しかし，同じころ生涯教育という言葉が使われ始め，また高等教育進学率の高まりに対して，大学教育の機会を開放するために放送制などの形で制度を弾力化することが1971年の中教審答申で触れられている。[1]

　1　教育制度における閉鎖性の是正として「このような高等教育の開放が十分な効果をあげるためには，履修の形態についても，夏学期制，夜間制，通信制，放送制などの多様化を進める必要がある。」（中央教育審議会答申「今後における学校教育の総合的な拡充整備のための基本的施策について」，1971年）

　1970年代中頃に日本の高等教育は大きな転換点を迎えた。それまでの大学進学率の急上昇の結果として，教育条件が悪化し，大卒者の雇用状況も悪化していたために，政府は大学新設の抑制政策に大きく転じることになったのである。これは，高まりつつあった進学意欲の受け皿が必要となることを意味する。専門学校の制度が作られたのはこのときであるが，同時に放送大学も高等教育の代替機会としての役割が期待されたのである。こうした背景の中で文部省は放送大学の基本計画をまとめた（1975年）。これを基に1981年に放送大学を設置する法律が施行され，1985年から入学者を受け入れるようになったのである。

　以上のような経緯を見ると，日本の放送大学は，放送メディアを使った教育内容の発信という大まかな発想から，特に前述の図11-1の①の，従来の大学教育機会の代替機能，という面が強くなっていたと言えよう。これにはイギリスのオープン・ユニバーシティの影響もあった。そのためには既存大学と同様の教育効果を持つことが不可欠であった。したがって，放送大学は放送授業の番組を制作する組織と施設とともに，大学と同様の教員組織と，対面授業のための施設が必要となった。そのため「学習センター」が不可欠となった。1985年には首都圏で学習センターが作られ，1998年に全国化することになった。

表11-1　放送大学の設置の経緯

1960年代	●文部省社会教育審議会に対し「映像放送及びFM放送による教育専門放送のあり方について」諮問（1967）	●イギリスでオープン・ユニバーシティ設置（1969）
1970年代	●文部省放送大学創設準備に関する調査研究会議「放送大学の基本計画に関する報告」提出（1975）	●中教審答申で高等教育の開放のために放送制などの多様化を提案（1971） ●工場等制限法改正　大都市圏での大学新設を抑制（1975）
1980年代	●放送大学学園法公布・施行（1981） ●学習センター（群馬・埼玉・千葉・東京第一・東京第二・神奈川）学生受入れ開始（1985）	中央教育審議会「生涯教育について」答申（1981） 日本初の実用通信衛星打ち上げ（1983） 文部省に生涯学習局設置（1988）

（出典：『放送大学自己評価報告書2004』, および文科省
『学制百二十年史』1992, 『放送大学30年史』2015）

（3）展開

　以上の経緯で設置された放送大学は, 順調に学生数を拡大させ, 1990年には学生数は3万人に達した。1998年, 放送大学の放送の全国化により, 学生数がさらに拡大し, 2000年には8万人に達したが, その後2020年まで9万人あたりで推移してきている。1990年代には放送大学以外の通信制大学の学生数も拡大していたことにも留意したい。それ以後も大学就学率が上昇して4年制大学の学生数も大きく拡大していた（図11-2）。

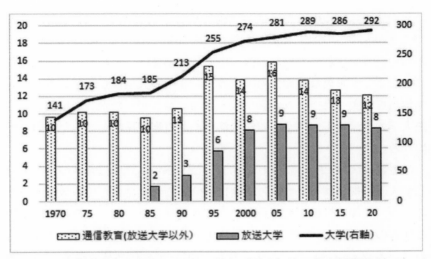

図11-2　放送大学の学生数，1970-2020年（万人）注：学士課程のみ
（出典：「学校基本調査」各年。2010年，2015年，2020年は
放送大学ホームページ）

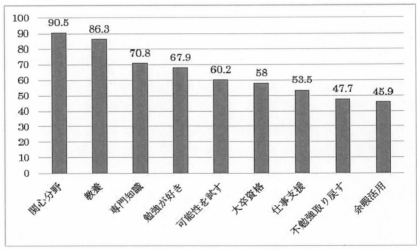

図11-3　放送大学への入学動機，2002年（複数回答，%）
（出典：放送大学『自己評価点検報告書2004』，図3-1）

　その背後にはこの時期には第二次ベビーブームは大学就学年齢に達したことが大学への進学需要を大きく拡大していた。同時に1970年代中頃からの高等教育就学者抑制政策の中で、大学進学への超過需要が発生していたことも重要な要因であったろう。4年制大学は1990年ころから入学定員を拡大させ、これが学生数の増加につながったが、通信教育、放送大学の学生増も、こうした超過需要をある程度反映していたものと思われる。

　学生数がほぼピークに達した2004年と2018年に、放送大学の学生に対して入学動機を調査している（図11-3）。これを見ると、複数回答であるため、＜関心分野があるため＞、＜教養＞といった、ある程度普遍的な回答の割合が高いが、＜大卒資格をとるため＞という回答が58％を占めている点に注目したい。すなわち、図11-1の代替教育機会への需要が半分以上を占めていたことになる。

　大卒資格を求めた学生の中には、大学への進学ができなかった高校新卒者もある程度あったであろうが、そのほかにも高卒後に就職したのちに、高等教育の機会を求めた人も少なくなかったものと思われる。また、高卒後に看護学校など、大卒の資格が得られない短大などに入学したが、あとで、大卒の資格を必要とした人もいたものと考えられる。

　それから15年後の『放送大学「新調査2018年」報告書』のデータを見ると、放送大学への入学動機に以下のような変化が生じた（図11-4）。大学・大学院の卒業資格を取得するために入学してくる学生は38.5％と、15年前の58％より下がってきている。「教養を深めるため」（67.2％）や「人生を有意義なもののため」（41.1％）、「充実した生活を送るため」（31.2％）、といった知的で豊かな人生を送るためなどの、学習志向にシフトしてきていることが見られる。一方、入学時の放送大学学生の学歴が上昇してきており、大学・大学院を卒業している人の志願

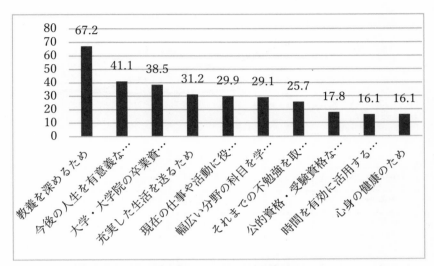

図11-4　放送大学への入学動機，2017年（複数回答，％）

（出典：放送大学「新調査2018」―調査結果速報値）

者比率は41％となっている（2020年は放送大学ホームページ）。他方，学生の年齢も高い層にシフトしてきている。

（4）需要のシフト

　しかし，放送大学の学生数は2000年代の半ばには9万人前後で停滞し始めた。学生の入学時の学歴の上昇と同時に，入学者の年齢に重要な変化が起こってきた。これは年齢別の学生数の変化に表れている（図11-5）。

　すなわち，2007年から2020年の13年間に，20歳代以下の学生は1.7万人から1.2万人へと，29％も減少し，30歳代も46％減少している。他方で60歳代以上は95％も増加している。この中で，40歳代，50歳代は比較的に安定していると言えよう。学生総数で見るとあまり変化がないが，

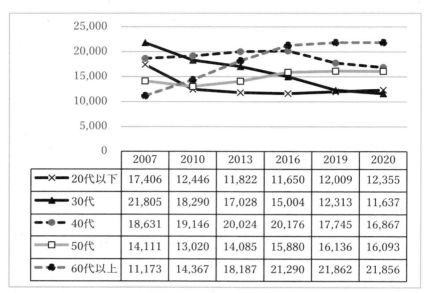

	2007	2010	2013	2016	2019	2020
✕ 20代以下	17,406	12,446	11,822	11,650	12,009	12,355
▲ 30代	21,805	18,290	17,028	15,004	12,313	11,637
● 40代	18,631	19,146	20,024	20,176	17,745	16,867
□ 50代	14,111	13,020	14,085	15,880	16,136	16,093
● 60代以上	11,173	14,367	18,187	21,290	21,862	21,856

図11-5　年齢別の放送大学学生数，2007年−2020年（人）
（出典：『数字でみる放送大学』，放送大学ホームページ）

年齢構成が高齢化し，かなり急激な変化が生じていると言えよう。

　年齢別の学生数の変化は3つのことを示している。第1は，前述の図11−1の①に相当する学歴資格を目的とする，狭義の代替需要が減少の傾向にあるという点である。これは4年制大学の収容力が拡大して入学しやすくなってきたこと，4年制大学の就学率が拡大したことによって，20代，30代にいったん就職してから大卒資格を望む高卒なども少なくなってきたことを示すものと考えられる。

　第2に60歳代以上の学生が大きく増大しているのは，前述の図11−1の④に当たる，学歴資格を求めるわけではないが，大学の専門知識を求め，学習経験を求める学生層が，退職者を中心にして増加していること

を示している。

　40歳代，50歳代においてあまり変化が見られないのは，前記の2つの要因が両方とも働き，両者が拮抗しているためと思われる。

　このように代替的な教育機会を提供するものとして設置された放送大学は，その需要が大きく転換しつつあると言えよう。

　こうした社会的な変化に対応して，放送大学の組織や教育内容，方法も大きく変化しようとしている。一方で，教育の内容が変化している。

　まず，前述の図11-1の②に当たる，職業関連の職業資格に関する需要への対応である。幼稚園教諭免許など教員関係，看護師関係，心理学関係などの資格につながる科目が拡充された。

　また，前述の図11-1の④に当たる，職業，キャリアに関する知識への対応である。「放送大学エキスパート」として，「健康福祉指導者」，「福祉コーディネータ」，「食と健康アドバイザー」など，27の専門分野で設けられた。これらの分野での専門科目を履修すると，科目等履修制度によって，認証状が交付されることになっている。

（5）放送大学の課題

　以上のような変化の中で，放送大学はいくつかの課題に直面している。

　第1に，退職者を中心とする需要が拡大するが，こうした受講者は対面の授業による，言わば学びの空間の共有を要求することである。ICT活用のみでは十分にその需要に対応できない。それは施設，人員面でのコスト増を意味する。

　第2に，上述の②，④に対応する職業関連の教育については，専門性が高くなるほど，授業の数自体を増加させる必要が生じる。しかし，これに対応するには従来型の放送型の授業では限界がある。

　第3に，こうした課題に対応するためにも，インターネットを導入する必要が生じる。その必要については，2015年の「放送大学改革プラン」も以下のように述べている。

○　将来の放送大学の教育は，放送メディアの臨場性，電子メディアのマルチメディア性と双方向性，そして，面接授業の対面性のそれぞれの良さを効果的に組み合わせて，個々の学習者のスタイルやニーズに合った教育を提供していくことを考えていかなければならない。

○　面接授業に加えて，個別化指導を可能とするインターネットを組み合わせたオンライン授業を実施すれば，世界の中のどの大学も達成できない規模と個別化を同時に図れる卓越した大学となりえる。（放送大学学園　2015，p.16，http : //www.ouj.ac.jp/hp/osirase/plan/pdf/plan2.pdf）

　既に，放送大学の放送番組については，随時にインターネットで視聴できるストリーミングが試行されている。しかし，双方向性を活かしたインターネットの活用はまだ本格的に行われる段階に達しているわけではない。こうした課題にどう答えてくかが問われている。

2．インターネット大学

　放送大学がラジオ，テレビという放送メディアを用いて始まったのに対して，インターネットの発達・普及を捉えて，教育課程の全部をオンラインで配信する授業で構成する大学・大学院も出現している。これをインターネット大学と呼んでおこう。

（1）インターネット大学の特性

　ICT技術の遠隔性を活用した高等教育という点で，インターネット大学は放送大学と同様であると言える。社会人の間には特定の職業に関連する知識・技能を獲得する要求がある一方で，既に社会人となっている

人たちが大学に通学するには地理的，時間的な制約がより大きいことがあることは言うまでもない。特に専門的な職業知識については，提供できる大学が少なく，その意味でも地理的・時間的制約は大きい。他方で成人は目的があれば，学習意欲も強いから，対面授業によって，学習を強制させられる必要は少ない。こうした要求に，インターネット授業や教育課程の役割は大きな意味を持ち得る。

　放送メディアとインターネットを用いた大学教育には大きく言って3つの相違がある。

　第1は，放送大学では個々の授業が放送番組として構成され，社会に広く公開するために，制作コストも大きい。放送ダイヤの時間枠に限界があるため，結果として授業の数も制限されざるを得ない。これに対してインターネットによる授業では，通常の授業を基にして制作することができる。また受講範囲が制限できるために，高い完成度を要求する必要も相対的には少ない。結果として授業の数も多く，専門化することも可能である。

　第2は，双方向性である。放送は一方的に時間を決めて一定の授業が放映されるが，インターネットを用いれば，授業内容を蓄積して，学習者の必要に応じてオンデマンドで受講することができる。このようなオンデマンド形態（ストリーミング）は受講者の幅を大きく広げる。さらにインターネットによって，学習課題，各種資料のアップロード，教員ないしほかの学生との間の質疑，討論も可能となる。

　第3は，それが市場メカニズムとの親和性を持つことである。逆説的だが，インターネットの双方向性は，受け手を制限することを可能とする。したがって料金を支払った受講者にのみ授業を公開する形をとることができる。また，ストリーミング化した授業を教育機関が売買することも可能となる。他方で，双方向性によって教員と学生との質疑は教員

の時間を独占するわけであるから極めてコストが高い。したがって技術的には可能としても，実際には大きく制限される場合も生じる。こうした要因は，教育の質に大きな問題を投げかける。

　インターネットによる高等教育機関は独自の可能性と問題を持つのである。

（2）アメリカのインターネット大学

　そうした点を日本に先駆けて，本格的なオンライン大学が始まったアメリカの例について見てみよう。アメリカではオンライン大学は，既に極めて大きな存在になっている。その一つとして「ウェスタン・ガバナーズ大学」（Western Governors University ―以下「WGU」と略称）の例を取り上げる。

　WGU はユニークな経緯で設立された大学である。その淵源^{えんげん}は，アメリカの西部19州の州知事が集まって，通信制の大学を設置することを決議したことにある。これによって1997年に WGU が設置された。当初は，各州の州立大学の授業を基にオンライン配信を行うことによって，高等教育の機会の拡大を図ることがうたわれた。また，アメリカ以外の国からのアメリカ大学への留学需要が強いことに注目し，こうした国外の学生の入学の需要を受け入れることももくろんでいた。

　発足して20年以上経過した現在では，ビジネス，健康看護教育，教師教育，情報技術の４つのカレッジ，60の柔軟な学位プログラムに，海外在住のアメリカ軍人学生708人を含め，2019年には約12万人の学生が在籍している（図11-6）。年間授業料は６千から１万ドルで，州立大学の州内学生の授業料とほぼ同等，州外学生のほぼ半分（52％）である。学生の平均年齢は36歳と圧倒的に成人が多い。

　授業の内容はほとんど職業関連であって，Pearson あるいは McGraw-

Hill などの作成した教材や授業ビデオを用い，大学独自の教員はむしろ，学生の学習の進捗を監督する役割を担っている。卒業には“competency”単位という，ほぼ通常の単位（academic unit）と同等のものが使われるが，その一部は入学前の経歴を審査して与えられることもある。2019年の卒業者数は38,256人，卒業率は43％であると WGU の年次報告書に公表されている。中途退学者が半数以上あることは明らかである。財政的には当初は州政府の援助を得たが，いまは授業料によって運営される私立大学である。

　このように見ると同大学は当初の意図から，進学需要に適応しつつ，活動の形態を変えていることが明らかである。現在は成人を対象とする，職業教育に特化した大学と見ることができる。

　また，このほかにフェニックス大学（University of Phoenix），カプラン大学（Kaplan University）などの営利大学（For Profit University）も1990年代からオンライン課程を始めており，それぞれ相当の数の学生が在籍しているものと思われるが，学生数は公表していない。その内容は，ほとんど健康関連，教師教育など，職業教育に偏っている点は WGU と同様である。また学生に現役，退役の軍人が多いことも特色である。

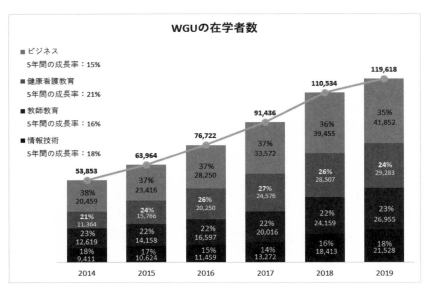

図11-6　WGU の在学者数　2013年-2019年（人）
（出典："WGU 2019 ANNUAL REPORT-Creating Pathways to Opportunity"
p. 23（2021. 4. 15取得））

（3）日本のインターネット大学

　日本でもインターネット大学が出現している。2004年に設立された八洲学園大学は，インターネット授業による通信制課程のみの大学である。そしてソフトバンクが出資した株式会社立大学である「サイバー大学」もインターネット授業による通信制課程の大学である。2020年に在学生数は3,710人，年齢別で見ると，20代の学生が42.8％，60歳以上の学生は2.4％となっており，ITとビジネスを教育内容としている（図11-7）。同じく株式会社立の「ビジネス・ブレークスルー大学大学院」は2005年に修士課程のみの専門職大学院として設置された。これは法令上の通信制課程ではないが，専門職大学院設置基準において遠隔授業については通信制課程の規定を準用することができるとした規定に基づいている。さらに同大学は通信制課程の学士課程を2010年に設置した。

図11-7　サイバー大学ホームページ：IT総合学部の3つのコース
　　（出典：https://www.cyber-u.ac.jp/faculty_course/　（2021.9.29取得）

（4） インターネット大学の課題

　2000年以降に設置されているインターネット配信の授業のみによって学位を発行する教育課程・大学は，大学教育の機会を開放する意味で，重要な意味を持っていることは言うまでもない。しかし他方で，そうした柔軟性自体が，大学教育の質について深刻な問題を生じさせる可能性を含んでいることに留意しなければならない。

　日本においては，一般の対面授業を基礎とする大学では，一定の質の教育を確保するために必要な教員の人数構成などとともに，その基盤となる校舎・施設や教員について，基準を設定することが可能であり，大学として認可されるには「大学設置基準」あるいは「大学院設置基準」を満たすことが条件となってきた。また，大学の通信教育課程については，「大学通信教育設置基準」が設けられている。

　しかし，これらの基準は情報化社会以前に作られたものであり，インターネット授業の可能性を活かしつつ，その質を保証するために，これらの基準をどのように改定していくかが，これまで問題になってきた。

　これに対応するために通常の大学については，大学設置基準が1998年に改正され，「テレビ会議式の遠隔授業」が認められることになった。次いで2001年の改正では「インターネット等活用授業」が遠隔授業の範囲に含まれることになった。学士号の取得に必要な124単位のうち，60単位はこうした遠隔授業によって獲得することができる。

　他方で通信制課程については，学位取得に必要な124単位のうち，30単位以上を面接授業（スクーリング）によって取得し，残りを印刷教材等による履修によって獲得することができることになっていた。しかし前述の大学設置基準の改正にともなって，「面接授業」の必要単位をインターネット授業によって満たすことが可能となった。これによって通信制課程では，全くインターネットのみによる学士課程の学位取得が可

能となったのである。現在のいわゆるインターネット教育課程・大学は，こうした措置に制度的基盤を持っている。

　このように日本の大学設置基準は，インターネットの導入にともなって，大きく柔軟化され，それを利用して，インターネットを利用した教育課程・大学も拡大してきた。特に，2020年初頭からのコロナ感染症の流行におけるオンライン授業の大学での全面開講と遠隔授業による単位認定可能数などについて，制度設計の大きな転機を迎えてきた。

　しかしこうした制度上の規定，またコロナ禍の中での全世界の大学による実践の結果，オンライン教育は，必ずしも十分な質的保証が行なわれていることを意味するものではない。それは基本的には世界の高等教育全体についても言えることである。日本の大学の質保証は，これまでの教育条件等についての設置基準を満たしているか否かを基軸とするものから，実際に大学教育として十分な質が確保されているか否かを基準とする，適格認定（アクレディテーション：accreditation）を基軸とするものへと移行しつつある。インターネット課程については，さらにこうした意味での，適格認定の方法が開発される必要がある。

　そうした点からも重要なのは，インターネット授業がどのような教育効果を上げているかについての，実証的な研究，分析である。そうした点を含めて，インターネット教育課程の質保証の枠組みが求められている。2020年の大学における全面的なオンライン授業の導入によって，豊富なデータが蓄積され，さまざまな観点からの考察が期待される。

　インターネット教育課程・大学は，主に成人学生を対象として設置されている。実際，アメリカなどでも，大学におけるインターネット利用の授業やインターネット課程などは，成人学生を対象としているものがほとんどである。

　ただし，インターネットの技術的特性が実際にどの程度に活かされる

のかは，議論のあるところである。実際，通信教育や放送教育は，面接授業と組み合わせることによって効果を上げてきたし，制度的にも大学教育として認められてきた。インターネットの利用がそうした補完手段を用いなくても十分に効果を上げることができるか否かは，さらに検証されるべき問題である。

3. 中国の広播電視大学（開放大学）とインターネット教育学院

　前述のように放送大学やインターネット大学は教育機会の拡大に，代替機関として大きな役割を果たすのであるが，それに対する就学需要は社会環境によってダイナミックに変化する。この視点から，日本と中国における遠隔高等教育機関を対照する。

（1）中国の社会と高等教育

　中国の高等教育の在学者数は，1990年代末から加速度的に拡大し，2015年には既にアメリカの規模を超え，2020年に4,183万人（54.4％在学率）の在学者を擁して，世界一の規模を持つ高等教育システムとなっている。

　その高等教育システムは大きく，①普通大学，②成人大学，③遠隔高等教育から成っている。このうち②の成人大学は，社会主義の時期から受け継がれたもので，職場の教育機関など多様なものから成っている。

　③の遠隔高等教育は，日本の放送大学に相当する「広播電視大学」（ラジオ・テレビ大学，2013年に開放大学と名称変更した），および「インターネット教育学院」（原語：「網絡教育学院」）から成っている。どの種類の高等教育機関も高等教育の卒業資格（「准学士の学歴資格」）の授与権を持っているが，卒業生の学歴証書には，普通大学の場合は「普

通高等教育」，成人大学の場合は「成人高等教育」，広播電視大学の場合
は「広播電視大学」または「開放大学」，インターネット教育学院の場
合は「網絡教育」，という名称が付記される。

　在学者数を見ると（表11-2），2017年で高等教育在学者は全体で4,033
万人に達するが，そのうち普通大学の在学者が3分の2以上であるが，
残り3分の1は成人大学および遠隔高等教育機関の在学者である。遠隔
高等教育機関の在学者は約736万人と極めて大きな規模を持ち，これは
高等教育在学者の総数の約6分の1を占める点に大きな特徴がある。

　機関数から見ると，広播電視大学（開放大学）は北京にある「国家開
放大学」1校と，各地方に置かれている「地方省と市の広播電視大学
（開放大学）」45校[2]，計46校から成っている。また，インターネット教
育学院は68校ある。それぞれ一校当たりの学生数は平均5万人から6万
人程度ということになる。

　中国の高等教育における遠隔高等教育の比重の高さは，日本との対比
において明らかであろう。前掲の表には高等教育の機関種別に，人口1
万人当たりの在学者数を算出して示した。これを見ると，高等教育在学
者全体で見ると，日本がわずかに高く，特に普通の大学の在学者におい
てまだ差が大きい。しかし遠隔高等教育機関の在学者は，日本の人口1
万人当たり18人に対して，中国では54人と3倍になる。放送大学の差も
大きいが，特にインターネット教育学院の比重が大きいことが知られる。

　2　45校の地方省と市の広播電視大学の中，2021年時点では，開放大学と名乗るの
は31校である。残りの14校については，広播電視大学の旧名称を使用している。

表11-2　高等教育在学者数―日本と中国

	在学者（万人）		人口1万人当たり	
	中国	日本	中国	日本
普通大学	2,753	358.9	200	283
本科（学士課程）	1,649	289	120	228
専科（準学士課程）	1,105	69.9	80	55
成人大学	544		40	0
遠隔高等教育	736	23.1	54	18
放送大学	355	8.6	26	7
インターネット大学	381	－	28	－
ほか		14.5		11
計	4,033	382	294	301
人口（百万人）	1,390	127		

注：中国は2017年，日本は2017年。日本の準学士課程は，短期大学，高等専門学校，専門学校専修課程の計。遠隔高等教育は，『通信制課程』4年制および短大を含む。
　（出典：中国は『中国教育統計年鑑2017』　各級各類学歴教育学生情況，
　　　　　『国家開放大学教育統計年鑑2017』
　　　　　日本は『学校基本調査　2017年』総括，および放送大学ホームページ。）

（2）広播電視大学の発展

　以上のような中国における遠隔高等教育の規模は，中国の経済発展のパターンと，それに応じた政府の政策を背景としている。

　周知のように1980年代以後の経済改革・開放政策の実行によって，中国は極めて急速な経済成長をとげ，これにともなって高等教育への進学需要は大きく拡大してきた。こうした需要の拡大に，従来の高等教育機関は，対応することができなかった。そのために代替的な高等教育機関

が必要となった。それを背景として，1980年代前半には放送メディアを
用いた遠隔高等教育機関「広播電視大学」（電大）が政策的に拡大され
たのである。

　このような急速な拡大に対応するために，広播電視大学は，北京にあ
る中央電大と，全国各地に置かれた地方電大から成る一つのシステムと
して全国的なネットワークを形成した。さらに現在では3,735カ所の学
習センターがある。これによって極めて大規模な収容力を持つことが可
能となった。

　このように，中国の電大は，一つの階層化された巨大なネットワーク
であるが，それは単一の組織ではなく，それに中央政府，地方政府，そ
して私的負担が組み合わされて運営されているところに特徴がある。

　設置形態から見れば，北京の中央電大（国家開放大学）は国立大学で
あるが，地方電大は省，さらに市など各レベルの地方政府所管の大学と
して，地方政府の管轄を受けている。同時に電大全体としての統括組織
は教育部が全体を統制している。

　また，財政的に見れば，中央と地方との関係は特殊な構造を持ってい
る。中央電大（国家開放大学）については，政府からの補助金がある。
しかし，各地方の電大に対しては中央政府からの補助金はなく，それぞ
れの地方政府からの補助金のほかに，授業料などの収入によって財政的
に自立することを求められている。特に市区・県レベルに置かれた分校
は，学生からの授業料収入に大きく頼っている。

　しかも，分校レベルで徴収された授業料収入は，一定の割合で，上位
の電大に上納されることになっている。授業料の7割前後は地方分校の
収入となるが，省レベルに2割，中央レベルに1割が与えられている。

　このような構造は，一方で地方分校レベルでの学生獲得に大きなイン
センティブを与えるとともに，中央レベルでの電大に対して中核的なプ

ログラムの開発コストを保証する機能を果たしている。このような形
で，完全な中央統制ではない形で，一部に市場メカニズムを導入しつ
つ，巨大な組織を発展させ，また持続させてきたところに，中国の広播
電視大学の大きな管理運営上の特質があるのである。

（3）インターネット教育学院

　他方で広播電視大学にも大きな問題があることが指摘されている。質
の高い教育コンテンツの数は限られており，しかもそれは大都市の少数
の大学に集中していて，全国的に見れば不均衡が生じている。他方で
ICTの急速な発展は，人々の生活スタイル，働き方，思考方式，特に学
習方法に革新的な変化をもたらしている。ICTを利用して，異なる地
域，異なる年齢層，異なる職業を持つ人々に質の高い教育コンテンツや
ニーズベースの教育サービスを届けることが，重要な課題となった。

　こうした背景から特に中国政府は1999年に「現代遠隔教育工程」政策
を提起し，インターネット教育学院（原語「網絡教育学院」）を創設し
た。電大が中国の遠隔高等教育の第一世代とすれば，インターネット教
育学院はその第二世代と呼ぶことができよう。電大とは，インターネッ
トを使うというメディア上の相違だけでなく，組織や市場との関係で重
要な相違がある。

　インターネット教育学院の基本的な特質は，電大のように全国的なネ
ットワークによって運営されているわけではなく，個々の機関が既存の
普通大学によって設置され管理されている点である。個々のインターネ
ット教育学院には，電大と同様，準学士課程，学士課程，の2つのレベ
ルの教育課程が設けられている。また専門分野としては，原則的に母体
大学に設置されているすべての専門分野において教育課程を設置するこ
とができる。学生の募集定員の決定，入学試験の管理等の権限は母体の

大学に与えられ，準学士，学士などの学位授与についても母体大学によって管理される。

　こうした意味で，インターネット教育学院は母体大学の教育機能の延長と見ることもできるが，それが単に母体大学の教育機能をインターネットで配信する，というのではなく，高等教育機関としては別の機関として設置され，独自の学位を出す点に特徴がある。これによって，教育機会の拡大を可能とすると同時に，教育内容を母体大学が監督することによって，質の維持を図ることが可能となる。

　インターネット教育学院の特徴は，むしろ既存の高質の教育を公開する，という側面が当初は強かったことである。それは最初のインターネット教育学院が，1999年に清華大学，浙江大学，湖南大学などの，中国を代表する有力大学に設置されたことを見てもわかる。その後2000年代に本格的な拡大が始まり，遠隔高等教育機関の成人学生の規模は大きく拡大してきた。現在は，68校のインターネット教育学院がある。

　学習形態は，大学の特性からして主としてオンラインによる授業配信によっている。しかし部分的には面接授業も行われる。

　財政的に見ればインターネット教育学院は，授業料によって支えられている。利益を上げることは禁止されているが，母体大学に対しては総収入の10％から20％を上納している。授業料は学士の獲得に日本円でほぼ50万円が必要であり，所得水準から見てかなり高額と言える。インターネット教育学院はこうした意味で，進学機会の拡大を，費用の低減化によって推進するという機能は限られていることを示している。

　ところで，遠隔教育の実施については，さまざまな固有の業務がある。例えば具体的な授業コンテンツの作成，そしてその配信，また学習成果の確認のためのオンライン試験技術が必要である。こうした作業を行うために，大学が独立採算制の校弁企業「国開在線」「奥鵬教育」な

どが設置されている。

　以上のように中国の遠隔高等教育の発展は，一面で政府の政策によって推進されているのであるが，それは政府が直接に予算を負担するだけでなく，市場化，グローバル化の力を巧妙に利用してきたところに特徴がある。前述のように広播電視大学についても，その財政基盤は学生の授業料負担にあり，それを各段階での電大に配分することによって経済的なインセンティブを形成している。インターネット教育学院についても，基本的には授業料収入に依存しているだけでなく，その技術的な側面や運営のノウハウについても，その支援を営利会社によって行っている。こうした点で，遠隔高等教育は市場メカニズムを基盤として拡大してきたと言える。

　これに比べれば，日本の放送大学はまだその予算の一定の部分を国の予算に依存する一方で，その運営も伝統的な大学と同様の教授会を中心としたものであった。インターネット利用や，職業関連の課程の拡大は早いとは言えない。結果として成人教育に果たす役割は大きく拡大しているとは言えない。中国の事例は，日本の放送大学やインターネット大学について考えるべきさまざまな視点を与えてくれる。

出典・参考文献 ▌

・中国教育部，教育統計数据，2017，2019年
　http：//www.moe.gov.cn/s78/A03/moe_560/jytjsj_2019/qg/202006/t20200611_464788.html（2021.4.15取得）
・e-stat　統計でみる日本　政府統計の総合窓口

https：// www.e-stat.go.jp / stat-search / files？page=1 & toukei=00400001 & tstat=
000001011528，平成29年データ（2021.4.15取得）
・放送大学学園「放送大学改革プラン2015」
http：// www.ouj.ac.jp/hp/osirase/plan/pdf/plan2.pdf（2021.4.15取得）
・放送大学『放送大学「新調査2018」―調査結果速報値より』2018年
・李林曙主編『国家開放大学教育統計年鑑2017』国家開放大学出版社，2019年
・トロウ，M.（喜多村和之編訳）『高度情報社会の大学』玉川大学出版会，2000年
・Western Governors University, "WGU 2019 ANNUAL REPORT-Creating Path-
ways to Opportunity"
https：// www.wgu.edu/content/dam/western-governors/documents/annual-re-
port/annual-report-2019.pdf）（2021.4.15取得）

12 | 大学の授業と ICT 活用

苑　復傑

《**目標＆ポイント**》　ICT は大学での授業の効果を高め，効率性を高めることができる。①ICT は，授業の効果，効率をより高めるためのツールとなり，学生の効率的な学習を組織的に支援し，大学を全体としてサポートするという補完機能を果たす。②しかし ICT の教育における補完機能，または代替機能を実現するには，大学の組織としてのサポートを必要とする。③また，2020年からのコロナ禍を契機として日本の大学教員の意識が変化し，授業の高度化のための ICT 利用が進む可能性がある。

《**キーワード**》　学習管理システム（LMS），リアルタイム・オンライン授業，オンデマンド・オンライン授業，ハイブリッド型授業，混合授業，反転授業，コロナ禍，Zoom，google classroom，ICT の補完機能

　大学教育の質的改善に ICT は大きな役割を果たすことができる。対面授業（教員と学生が教室で向き合う，伝統的な授業）をより効果的，効率的にする手段としての ICT は，1990年代からアメリカの大学を中心として，さまざまなハードウェア，ソフトウェアが開発・活用されてきたが，その日本での普及は限られてきた。しかし，2020年からのコロナ禍によって対面授業が困難となり，ICT を用いた遠隔授業をもって代替することになり，それを契機に日本の大学での ICT 利用も急速に受け入れられつつある。この章では，まず，アメリカの大学での ICT 活用がどのように行われているかを概観し（第1節），日本におけるその普及と問題点，構造的背景を述べ（第2節），コロナ禍がどのような形で ICT 利用を促し，また，それがコロナ禍後の大学教育にどのような

影響を与え得るかを考える（第3節）。

1. 大学の授業とICT活用

ICTの大学授業での活用の第一は，一般の大学における授業をより効率的・効果的にするためのICTの利用である。これは伝統的な授業に対するICTの補完的な機能と見ることができる。ICTを利用して学生の理解を助け，学習効果を上げるために，さまざまな授業方法（ツール），また授業内容（コンテンツ）が作られてきた。

（1）授業ツールとしてのICT

大学教育の基本をなす「授業」は，長い間，教師の講義と黒板への板書，そしてそれを学生がノートにとることから成り立ってきた。しかし，そうした方法による授業は一般的に抽象的であり，具体的なイメージに欠けている。現代の学生にはそうした形態の授業によって興味を抱かせることが難しくなっている。ICTの第一の役割はそうした伝統的な授業をよりわかりやすく，効果的に，豊かにすることにある。

そうした手段は一般に「視聴覚教育」と言われてきた。画像，音声を通じてより具体的なイメージを与えるために，掛図やテープレコーダなどが用いられていたのは遠い昔ではない。それがのちほどテレビやラジオ，さらにOHPやビデオなどの機器の使用になっていった。授業の抽象的で理解しにくい項目も，実験プロセスも，映像などを積極的に用いることによって，より直観的に理解することができる。こうした視聴覚教育の教材は，Webやパソコンに蓄積した音声，画像，動画など，ICTを利用して飛躍的に容易に行われるようになった。

以上は教室での対面授業の枠内で，より効果的な教育を行わせるものであったが，さらにWebが普及し，学生がそれに自由にアクセスでき

る環境が整った現在では，対面授業とICTとの新しい組み合わせが工夫されるようになった。また，教科書についても，印刷物に加えて電子ブック，e-textという形で，パソコンを通じて利用するものも多くなっている。

2015年時点のアメリカの大学生に対する調査でも，「すべて，あるいはほとんどの教員はICTを使って授業をしている」と答えた学生の割合は，6割程度だった（図12-1）[1]。これを見ると，「教材の補助として」使っているのが最も多いが，「教員とのコミュニケーション，他の学生との協力」もICT活用の重要な用途となっていることがわかる。

特に重要なのは，ICTの利用が，新しい授業方法と組み合わされて使われている点である。「混合授業」（hybrid-course, hybrid learning, mixed learning, blended learning）は，教室での対面授業と，Webによる授業を組み合わせて，一科目の授業を構成するものである。こうした形態の授業のうち，Webによる部分について，後述（第15章）のオープン・コース・ウェア（OCW）を用いることが可能となってきたことによって，この形態の授業は大きく拡大してきた。

こうした方向の試みをさらに進めれば，従来型の授業においては，まず教室において教員が基本的な概念を説明し，その確認，さらに応用を学生への宿題とする，という順序自体を変えることも考えられる。すなわち，Webやビデオの教材を学生が事前に学習し，それを基礎として学生が教室において発表し，あるいは学生同士に討論させる。こうした形態を「反転授業」（flipped classroom）と呼んでいる。

1　サンプル数約5万人，調査にはアメリカ以外の大学も含まれるが，集計値はアメリカのみ。

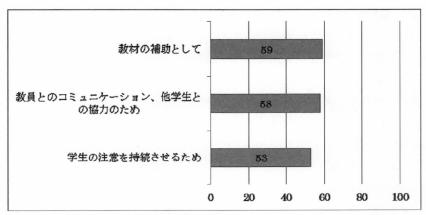

図12-1　アメリカにおける ICT の活用度
「すべて，あるいはほとんどの教員は ICT を使って授業をしている」と答え
た学生の比率（%）

（出典：Educause 2015, p.12 から算出）

　こうした混合型授業形態は，単に具体的なイメージをつかみやすい，
という意味での視聴覚教育機材の延長としての ICT 活用として理解す
るべきではない。むしろこうした方法は，1990年代からの，参加的な授
業を重視する考え方（参加型授業）あるいは学習共同体（learning com-
munity）など，学ぶ側の主体的な参加を強調する学校教育における運動
の中から生じてきたものである。こうした意味で，ICT 活用は，単な
る，効率的なツールというよりは，教育あるいは学生の学習そのものに
対する考え方の転換に結び付いていることに留意する必要がある。

（2）学習管理・支援システム（LMS）

　ICT はまた，個々の授業だけでなく，大学の教育課程全体を通じた学生の学習の実効性を高めるうえでも重要な役割を果たし得る。アメリカでは従来からも，学生の学籍管理，成績管理などには順次コンピュータが導入されてきたが，インターネットの急速な発展によって，従来のそうした機能をはるかに超えて，さまざまな形で大学の組織としての管理運営や，個別授業の管理，学生の学習の総合的な管理への応用の可能性が広がっている。こうしたシステムは，学習管理システム（Learning Management System – LMS）とも呼ばれる。

　比較的によく用いられているものとしては「ムードル」（moodle），「ブラックボード」（Blackboard），「ウェブクラス」（WebClass）などがある。これらは，Web を用いて授業予定（シラバス）の提示，講義資料の掲載，学生に対するアンケートや小テスト，あるいはレポートの実施および管理，試験の採点と成績管理，さらに学生同士のチャットの場の提供などを一貫して行う。

　こうした LMS システムがアメリカにおいて急速に発展したのは偶然ではない。アメリカの大学においては一つの授業（コース）での学習が一つの学習「単位」として完結することが求められる。したがって，実質的な学習が求められるのとともに，学習成果の評価も厳格になされる。学生の学習をより効率的に管理することが不可欠なのであり，それに応じて伝統的にいくつものツールが作られ，学習管理システムもそうした伝統の上に立っているのである。

　以上に述べた学習管理システム（LMS）は個々の授業について設定されるものであり，教育する側からの学習管理システムと言えるが，むしろ教育を受ける学生を単位とした学習管理，という形態もあり得る。

　例えば大学に入学しても成績が不振であったり，不登校に陥る学生が

増加していることが指摘されているが，そうした可能性を持つ学生を早期に発見し，対策をほどこすために，履修状況のデータベースが有効な手段となる。

それを進めたのが，「e−ポートフォリオ」と呼ばれるものである。これは学生の授業の修得履歴，そこでの学習成果などを，個人用のWebページを用いて記録するものである。それによって学生は自分がどのような能力を身に付けてきたのかを自己診断し，また大学側は個々の学生の修得状況に応じてきめ細かい指導を行うことができる。

（3）サポート組織

上述のようなICT利用は，具体的には教師が授業においてICTをいかに活用するかにかかっている。しかし，個々の教員のみにその責任を負わせるのであれば，広く普及することはない。アメリカのスタンフォード大学の例を見ると，教員のICT活用活動を組織的に促進する環境を形成しているところが普及の原因となるように見える。そうした組織はいくつかの層からなっている。

第1に，個々の教員が授業で用いる教材の作成などについて，それを技術的に支援するセンター類である。例えばスタンフォード大学では，全学施設として教育・学習センター（Center for Teaching and Learning）や情報センター（Information Center），インターネット社会センター（Center for Internet and Society），教員能力開発センター（Stanford Center for Professional Development）などがある。また，学習管理システム（LMS）などのメディアを運用する学習技術・スペース資源センター（Canvas − a Learning Technologies & Spaces Resource）が設置されている。これに類似の組織は，アメリカの各大学に設置されており，インターネットで検索するとたちどころに数十の機関の名前を見

ることができる。第2に，学生に対しては，コンピュータ利用を支える
コンピュータ・クラスターなどの組織がある。そうした環境を前提に，
上述の学習管理システムを含めて，課題の提示，宿題の提出などがイン
ターネットを通じて行われる。第3に，授業登録，図書館利用，就職指
導などにおいて，授業外の活動，手続きなどがインターネットを通じて
行われる。それは逆に言えば，学生に対する管理が極めて効率的になる
ことを意味する。

　こうした組織が一方では授業におけるICTの利用を促進する環境を
形成しているのであるが，それは他方で見れば，ICT利用を目的とする
というよりは，大学の教育環境をシステム化する努力が行われており，
それにICTが有機的に組み込まれている，ということになろう。また
大学のIR（Institutional Research）部門はこうしたネットワークを用い
て，学生の学習状況を把握し，その改善に向けての分析を行う。

　ICT利用には組織的な支援，そして大学教育のシステム化とそれへの
組み込み，といった点が重要であり，それこそが多大の費用とエネルギ
ーを必要とするところである。

　同時に，こうした活動が一定の物的基盤を必要とすることは言うまで
もない。対話を重視した多様な学びを支える端末利用と教室の情報環境
として，従来型の端末室，CALL（Computer-Assisted Language Learn-
ing）教室の高度化のほか，端末利用に配慮した普通教室の情報環境や
情報機器を配したアクティブ学習教室の整備が必要となる。また，学生
が所有するパソコンについても，大学が保有する商用ソフトウェアを利
用した学習を可能にするリモートアクセス環境の整備を進めることも必
要になる。そのためのサーバの保守管理も重要な課題となる。

　他方で，大学における情報の保守管理も重要な課題となる。外部から
の学内システムに対する侵入の阻止とともに，個人情報の保護が重要で

あることは言うまでもない。また，インターネットの普及によって，学生がWebページなどから情報を獲得し，そのままレポートなどに添付する，という問題も生じており，その対策のためのソフトウェアも開発されるなど，対策が必要となっている。またSNSや学内システムを通じた個人攻撃も問題になる。

　こうした点を考えれば，ICT環境の形成には多大のコストが生じることになる。ICT利用の大学教育が，良質の大学教育のより安価な代替物となるわけではない。むしろICTを中核として，新しい，効果的な教育過程を形成することが課題となっているのである。そのためには極めて高いコストを要することは当然とも言えよう。

　しかし，そこで生じるコストを誰が負担するかは大きな問題である。アメリカの大学の授業料は1980年代後半以降から急速に増額されてきた。特に私立大学では，授業料は年間4万ドル程度に達している。その一つの要因はICT利用のための支出が拡大してきたことだと言われている。こうした意味で，ICTは，大学経営や，機会均等の問題にも重要な関係を持っているのである。

2. 日本の大学における ICT 活用

　日本においても大学教育での ICT 活用は大きく進んできた。

（1）授業への導入

　日本の大学における ICT の活用については，2005年から旧メディア教育開発センターが，同センターが廃止された後は，文部科学省が放送大学，京都大学，AXIES 大学 ICT 推進協議会などに委託して，継続の調査を行ってきた[2]。この調査は，高等教育機関の管理機構（事務局）と，大学の学部および大学院の研究科を対象としているが，2017年度調査のうち，学部・研究科調査の結果から，授業への ICT 関連技術の導入について以下の点を指摘できる。

　最も多く使われている ICT の形態は，教材の提示（プレゼンテーション）に関わるものである。特に静止画像（スライド）の提示に用いるパワーポイントなどのソフトウェアと映像装置は，極めて多くの授業で使われている。調査対象の9割以上が，授業で使っていると回答した（表12−1）。

　次に多いのが Web 上の教材とビデオを利用する例である。半数以上の授業で使ってるが，動画（講義映像等のストリーミングビデオなど）の使用となると，2割に限られている。

　このほか，この調査では，電子黒板，電子教科書，テレビ会議システムなどの授業用具とともに，携帯電話，スマートフォン，タブレット端末の使用などについても聞いているが，これらについては，1割程度，またはそれ未満がほとんどである。

　アメリカの場合と異なり，日本では学生や教員に直接に尋ねる調査を行っていないので，直接にアメリカの場合と比較することはできない。

2　2017年度の調査は，機関（大学，短大，高等専門学校），および大学学部・研究科を対象として行われた。2017年度調査の回答率は機関調査で，大学61％，短大55％，高等専門学校82％で，総計60％だった。

表12-1　授業への ICT ツールの使用頻度（%）

【授業中の学習】で使っている	大学学部研究科 （n=1932）	短期大学 （n=185）	高等専門学校 （n=47）
パワーポイント等のスライド	91.0%	92.4%	100.0%
ウェブ上の教材・ビデオ	53.7%	53.0%	51.1%
LMS	31.6%	17.8%	53.2%
講義映像等のストリーミングビデオ	21.4%	19.5%	12.8%
ファイル共有ツール（DropBox等）	21.0%	18.4%	27.7%
携帯・スマートフォン・タブレットのアプリケーション	17.7%	16.8%	21.3%
eポートフォリオシステム（Mahara等）	13.5%	10.8%	8.5%
電子黒板	12.1%	14.6%	21.3%
テレビ会議・ウェブ会議システム（ポリコム等）	10.6%	3.2%	14.9%
クリッカー（レスポンスアナライザ）	10.3%	11.4%	10.6%
電子書籍・電子教科書	8.6%	3.2%	10.6%
ソーシャル・ネットワーキング・サービス（Facebook、Twitter、LINE等）	8.2%	7.0%	6.4%
チャット・ビデオチャット（Skypeなど）	5.9%	2.7%	6.4%
ブログ	3.7%	5.9%	2.1%
その他	1.3%	2.7%	2.1%

（出典：AXIES 大学 ICT 推進協議会『2017年度 ICT の利活用調査』
（第2版）令和2年）

しかし，授業の教材としてICTを活用するのが最も多いのは，ほぼ共通の傾向であろう。

　これはICT技術そのものの普及の問題もさることながら，日本の大学における授業の捉え方，ゼミの運営の仕方自体に関係があるものと思われる。これについては第3節でさらに述べる。

（2）学習マネジメント

　前述の『2017年度ICT利活用調査』によれば，65％の大学，38％の短大，70％の高専が全学運用のシステムとしてLMSを導入しており，

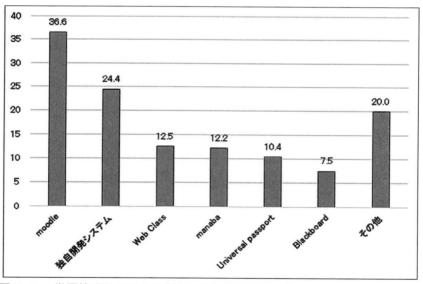

図12-2　学習管理システムの種類別の導入頻度（％）
（出典：AXIES 大学 ICT 推進協議会『2017年度 ICT の
利活用調査』（第2版）令和2年（学部研究科））

特にmoodleについては機関別に見ると，3割以上が導入していることになっている（『2017年度ICT利活用調査』p. 16, 19）。

　ただし，この調査は，大学がそうしたシステムを導入しているか否かを聞き，それに対して導入しているとしていると回答した大学の比率を示しているのであって，LMSシステムを実際に導入している授業の割合を示すものではないことに留意しておかなければならない。実際にこうしたシステムを活用している授業ないし教員の割合は，はるかにこれを下回るものと思われる。

　日本の大学においては，歴史的に「学習の自由」が重要な理念とされ，個々の授業はむしろ教員による講義であり，学習成果も学期末に行われる試験によってなされるのみで，学習の過程そのものを統制しようとする傾向が弱い。むしろ，教育はゼミなどの少人数の組織，あるいは卒業論文，実験などによって完結されるものと考えられている。そうした土壌の上では，学習管理システムの必要性自体が感じられないことになる。

　ICTという技術そのものは各国において大きな違いはないが，それぞれの社会，特に大学教育での活用は，各国の社会経済や大学の在り方を反映して大きく異なる。日本の場合もその例外ではない。

（3）サポート体制

　では大学はICT利用をどの程度，計画的に推進しているのだろうか。ICT利用に関して，「全学のプラン，または学部研究科のビジョン，アクションプランが，中期計画に記述されているか」という質問への回答（図12-3）を見ると，高等専門学校は83％であるが，大学事務局は54％，短期大学は33％にとどまっている。これをさらに大学の設置者別で見ると，国立大学では9割以上，私立大学は5割，公立大学は約4割

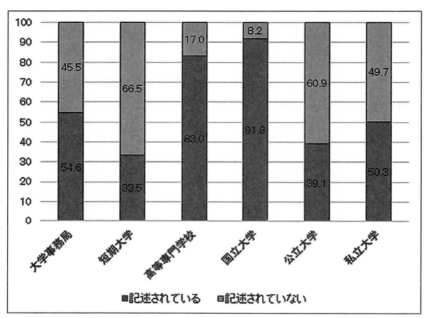

図12-3　組織ビジョン・プランの中期計画への記述（％）
　　　　　　　　（出典：AXIES大学ICT推進協議会『2017年度ICTの
　　　　　　　　　　　　利活用調査』（第2版）令和2年）

となっている。

　以上に述べたように，日本の大学におけるICT導入は進んでいるものの，アメリカに比べれば，必ずしも十分ではない。それはICTの可能性を十分に活かすには，大学としての支援体制の役割が極めて重要なことを示している。

　上記の『ICT活用調査』によれば，ICT活用のための全学的技術支援組織を設置している大学は21％，短大は12％，高等専門学校は23％，学部・研究科は13％となっている（表12-2）。技術支援組織と教育支援組

表12-2 　ICT 活用のための技術・教育支援組織の存在

	両支援組織あり	技術支援組織のみ	教育支援組織のみ	両方なし
大学全体(n=218)	45.7%	21.4%	3.8%	29.1%
国立大学(n=61)	63.9%	23.0%	6.6%	6.6%
公立大学(n=46)	10.9%	19.6%	4.3%	65.2%
私立大学(n=370)	47.0%	21.4%	3.2%	28.4%
短期大学(n=185)	30.8%	12.4%	3.8%	53.0%
高等専門学校(n=47)	42.6%	23.4%	8.5%	25.5%
学部研究科(n=455)	23.6%	13.1%	7.0%	56.3%

（出典：AXIES 大学 ICT 推進協議会 『2017年度 ICT の
利活用調査』（第 2 版）令和 2 年）

織の両方が存在している大学は45％，短大は30％。高等専門学校は42％
となっている。ただし，これは ICT 利用に十分な具体的支援が行われ
ていることを必ずしも示すものではない。また，そうした組織も，常勤
教職員は少なく，非常勤職員あるいは学生，大学院生のアルバイトで支
えられている。また，ICT 導入に対する障害を聞いたところ，「技術支
援のための人員の不足」をあげた大学が国立は81％，公立は78％，私立
は63％となっている。「予算の不足」をあげた大学が国立は75％，公立
は50％，私立は54％であった。十分な基盤が与えられているとは言えな
い（『2017年 ICT 利活用調査』p. 63）。

　同時に，大学としての支援体制と，個々の教員の ICT 利用との間に
一定の距離があることも一つの重要な問題である。ICT 導入の効果を尋
ねたところ，18項目中，11項目について，５割以上が有効と答えたが，

特に，①学生に対してより便利な環境の提供，②学生の学習意欲の向上，③学生の学習の効果の向上，⑧教職員の作業効率化，⑩教育の質の向上では，7割〜9割が有効の回答となっている（『2017年ICT利活用調査』p. 48）。

また教員間での教材・コンテンツの他大学との共有，相互利用はICT活用の発展の極めて重要な契機であるが，学部・研究科に対する質問では，そうしたことが行われているという回答は6％にとどまった。ただし，教員間のICT教材の共有化については，高専では約4割が行われていると答えている。

『2017年度ICT利活用調査』では，OER（オープン教材またはオープン教育資源）といったインターネットなどを通して，無償で入手可能な講義教材，例えば，OCW，講義ビデオ，電子教科書，学習コンテンツ，教育ソフトウェアなどについて，よく認識していると答えた大学事務局は15％，学部研究科は11％，短大は4％，高等専門学校は6％であった。また，OERを提供している機関の高い順に，大学は13％，専門学校は8％，短大は2％であった。2017年時点で，OERを提供している機関の中での割合を見ると，最も高いのが国立の31％，19校であった。その目的は「自大学の学生への学習環境の向上（65％）」，「多様な教育提供の選択肢の拡大（49％）」，「教育情報の発信（49％）」，「高等教育機関としての社会貢献（47％）」，「高校生向けの広報（40％）」，「卒業生への教育サービス提供」，「留学生の獲得」，「大学間教育連携」などであった。

教材・コンテンツの共有およびOERの制作は，教育プログラムの体系化，授業内容の標準化を促進し，ICT教材の共同開発，活用の重要な基盤となり得ることを示しているが，この点に関しては日本の大学の進展は進んでいない。

　このように見ると，大学全体としてのICT導入の体制が十分でないとともに，ICT導入をより効果的にするための，技術支援組織，教育支援組織，そして個々の授業の在り方の改革が同時に行われていないことが，日本の大学におけるICT導入の重要な制約となっていると言えよう。

（4）日本の大学における授業の特質

　ICTの活用は，大学教員の大学教育についての理念，授業方法の在り方にも強く関わる。こうした観点から日本の大学教員はアメリカなどと比較して固有の特質がある。日本の大学教員に対する調査の結果を図12-4に示した。

　これを見ると，日本の大学教員は基本的に，小集団における相互接触，学習を極めて重視している，という点が明らかである。すなわち

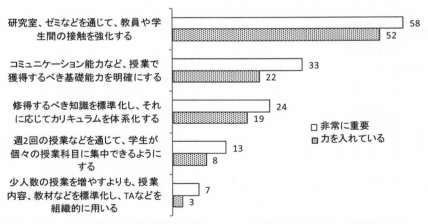

図12-4　教育の形態─＜非常に重要＞および「力を入れている」割合
（出典：金子，2013，図表2-4，「大学教員調査」）

「研究室，ゼミなどを通じて，教員や学生間の接触を強化する」ことについては58％の回答者が＜非常に重要＞と答えている。また，それと同時に，この点については，52％が実際に＜力を入れている＞と答えている。

　反対に「少人数の授業を増やすよりも，授業内容，教材などを標準化し，TAなどを組織的に用いる」という項目に対しては肯定的な答えが少なく，＜非常に重要＞が7％，＜力を入れている＞については，わずか3％であった。図に示していないが，＜重要ではない＞が36％，＜行っていない＞が63％に達した。いわば，設計された大・中規模授業，というモデルには極めて支持が少ない。

　以上の点から見れば，日本の大学教員の多数は，学生の基本的な知識の修得，成長に教育の目標を置いているものの，それを研究室などにおける教員および学生同士の接触によって実現する，という理念を抱いていることを示している。日本の大学教員の間に潜在的に抱かれている教育理念は，「帰属集団」モデルの色彩が強いということになる（金子，2013，p. 55）。

　こうした傾向は，「少人数の授業を増やすよりも，授業内容，教材などを標準化し，TAなどを組織的に用いる」，「週2回の授業などを通じて，学生が個々の授業科目に集中できるようにする」の2項目についてはさらに著しい。これらについても「ある程度重要」を入れれば，5割以上の教員が重要性を認めている。しかし，その実践の度合いについては，「ある程度行っている」を入れても2，3割にすぎない。望ましさと，現実とのギャップが非常に大きいことになる。

　以上の分析から明らかなのは，日本の大学教員は，①先端の学問的刺激による触発，という古典的なフンボルト主義からは脱却し，学問領域での基礎の獲得を最も重要な目標としているものの，②具体的な教育方

法として重視しているのは，少人数の集団による教育機能であり，③一般的な授業の強化については，ある程度の理解はあるものの，現実の実践との間には大きなギャップがある，ということである（金子，2013，p. 56）。

　そうした状況の中で重要な意味を持つのが，一般の大学における教育改革である。前述のように，学生に興味を持たせ，また，理解を促す教材の提示という面では，ICT 活用は日本の大学においても，かなり普及していると言ってもよい。授業をわかりやすくする，という努力は日本の大学でも進んでいることを示している。

　しかし，日本の大学教育でいま改革の課題となりつつあるのは，教育（teaching）する側ではなくて，学生の学習（learning）への視点である。密度の高い，質の高い学習を可能にするには，単に授業に出席しているだけでなく，授業に参加するとともに，自律的な学習に時間を十分にかけることが必要であり，それが日本の学生に不足していることが指摘されている。

　前述のように日本の大学の授業は，必ずしもそうした学習を導き出すことを理念にしてこなかった。学習管理システムの普及が遅れているのは，技術的な理由よりも，むしろこうした理念の問題に帰することができる。

3.　コロナ禍と ICT 利用

　上述のような日本の大学教育における ICT 利用の立ち遅れは2020年春からのコロナ禍によって大きく変化せざるを得なくなった。また，日本の大学教育の特質も変化のチャンスを与えられたとも言える。

（1）コロナ禍と遠隔授業

　コロナ禍は，多数の若者が同じ空間に閉じ込められるという，大学の特性を直撃した。多くの大学で従来の対面授業を実施することが困難となった。文科省の調査によれば2020年5月の時点では日本の大学で全面的に対面授業を行っていたのは3％に過ぎず，全面的に遠隔授業を用いていたのが90％，双方を併用していたのが7％であった。7月になると全面的に対面授業を行った大学は17％に回復したが，全面的に遠隔授業に頼った大学は24％，併用が60％に達した[3]。2021年度もほぼ同様の状況であったと考えられる。

　ここで興味深いのはICT利用があまり普及していないと考えられてきた日本の大学において，ICTを利用した遠隔授業が速やかに取り入れられたことである。その一つの理由は，前述のように組織としての大学全体をとってみれば，ICTを利用する基盤が既にかなり準備されていたことであろう。特に大規模大学ではネットワークなど物理的な基盤は整備されるようになっていた。また，ICT利用に積極的な教員もある程度育っていた。また，学習マネジメントシステム（LMS）はソフトウェアの業者が大きな役割を果たしたことも事実である。

　このような条件があったのにもかかわらず，授業全体から見ればICTの利用は限られたものであった。2020年末に行われた大学教員に対する調査によれば，コロナ禍以前に授業でWebを「よく使っていた」教員は2割程度，LMSについては3割程度に過ぎなかった[4]。これはICT利用に対して心理的な障壁が高かったことを示している。しかしそれだけではなく，前述のように，日本の大学教員は授業について熱心であるけれども，学生の学習を確実に確認する必要を感じていなかったことをも

3　文部科学省「大学等における新型コロナウイルス感染症への対応状況について」https：//www.mext.go.jp/kaigisiryo/content/20200914-mxt_koutou01-000009906_15.pdf（2021年5月1日取得）
4　金子元久「コロナ禍後の大学教育　─大学教員の経験と意見」，（CRUMP）2021年，p. 20。

反映するものであろう。

　しかしこうした状況は，2020年のコロナ禍によって，対面授業が困難となったことによって大きく変化した。日本の大学教員はICTを使うことを余儀なくされ，その状況下においてはICTを利用するスキルを身に付けざるを得なかったのである。

（2）利点と問題点

　ではそうして，いわばやむを得ず始まったコロナ禍における授業はどのような効果を上げたのか。上述の大学教員調査は個々の教員に遠隔授業の効果を対面授業と比べてどう評価するかを聞いている（図12-5）。

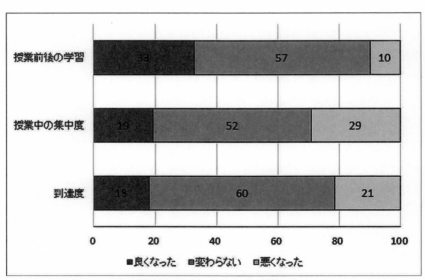

図12-5　遠隔授業を対面授業と比べてどう評価するか
　　（出典：金子元久「コロナ禍後の大学教育　―大学教員の経験と意見」，
　　　　　　　　　　　　　　　　　　　　　　　（CRUMP）2021）

　授業前後の学習については「悪くなった」は1割しかなく，反対に「良くなった」が33％に達した。他方で授業中の集中度では悪くなったが29％と，約3分の1に達した。全般的な到達度に関しては「良くなった」が2割，「悪くなった」が2割でほぼ同数。しかし「良くなった」と「変わらない」を足せば8割に達する。

　これらが意味するのは，これまで絶対だと思われていた対面授業を，遠隔授業で切り替えてみても，全体として授業の効果が低くなったとは言えないことである。特に授業前後の学習については，むしろ改善が見られたことになる。

　これはこれまでの授業が，教室において授業に出席することに重きを置いていて，学生がその前後に学習することを重視しない，あるいは学生の抵抗を考えてあえて要求しなかったことを示している。ICTの利用，特にLMSの利用は，授業の前に内容を予告し，関連の文献を読んでおくことを学生に求めることができる。また，授業の後に学生の質問を受け，ペーパーを出させることも可能になる。コロナ禍の状況の中で教員はそうしたLMSの特徴を用いたのであろう。

　では具体的にどのような点に教員は遠隔授業のメリットを認めていたのだろうか（図12-6）。「（授業が）教室外でも可能」については「そう思う」と「ある程度そう思う」が8割程度に達するのは当然であるかもしれない。しかし「学生が教材を見ている」，「授業内容・目標を明確化」，「授業の透明性が増した」，「質問が多くなった」ことに評価が高い。授業についての教員と学生との間の相互了解が明確にされ，透明化された，という点で，伝統的な授業の在り方と異なっていることが知られる。そうした意味で，ICT利用が，授業の位置付けそのものを変化させたのである。

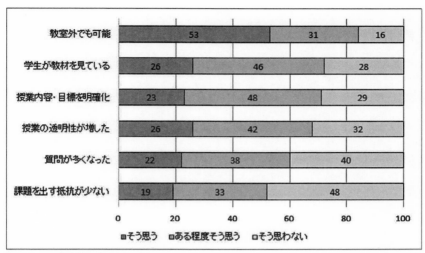

図12-6　遠隔授業のメリット
（出典：金子元久「コロナ禍後の大学教育　―大学教員の経験と意見」，
（CRUMP）2021）

　他方で遠隔授業の問題点について見ると（図表12-7），最も大きな課題としてあげられているのが「学生の反応の把握」の困難で，「大きな課題」「ある程度課題」という回答を合わせると9割が問題として認識している。さらに「学生の参加」を得ることについても9割が課題があるとしている。これは一方向のオンデマンド（配信）型の授業では当然問題となるが，双方向型の授業でも問題となる。特に通信環境の十分ではない場合には，学生側からのビデオ画像を遮断することが必要となることが障害となっていることが多い。

　次に課題が多いのは「授業構成・方法」の9割であった。これは「課題の出し方」とともに，遠隔授業のソフトウェア面での技術がまだ多くの教員にとって十分になじみのあるものとなっていないことを示してい

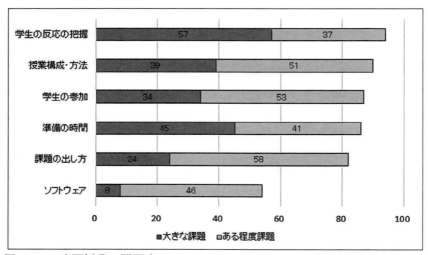

図12-7　遠隔授業の問題点
（出典：金子元久「コロナ禍後の大学教育　―大学教員の経験と意見」，
（CRUMP）2021）

る。また，「準備の時間」を確保することが「大きな課題」とする教員がほとんど半数に近いことにも表れている。ソフトウェアの修得よりも，ICTを有効に使った授業をどう作るのかに教員は労力をかけていることが知られる。

（3）コロナ禍後の大学教育

　以上に明らかなように，コロナ禍の中での遠隔授業は，これまでの日本の大学の授業の問題点を露呈させる効果をもった。しかし，見方を変えれば，これは日本の大学教員にとって，ICTを用いて授業を変革するための貴重な経験となったとも言える。

　教員の意識の変化を知るために前掲の調査は，遠隔授業の経験をどう

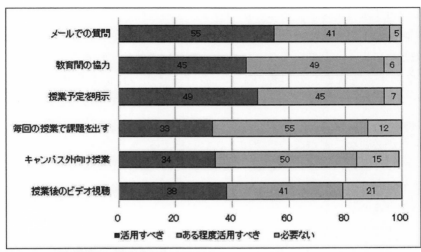

図12-8　遠隔授業の経験をどう活かすか
（出典：金子元久「コロナ禍後の大学教育　—大学教員の経験と意見」,
（CRUMP）2021）

活かすかを，項目別に聞いている（図12-8）。

　これを見ると「メールでの質問」,「授業後のビデオ視聴」など，これまでは教室での授業で達成されるはずの教育機能が，むしろICT利用によってよりよく達成されると考えられるようになっている点である。また，「授業予定を明示」など，授業内容・方法の透明化も重要な点と捉えられている。

　また，「毎回の授業で課題を出す」ことについてもICTを活用するべきだという意見が多い。これまで日本の大学の授業では，教室の授業の場での学習のみに注力し，授業の外での学習を軽視していた。そのために課題を出すことに教員が躊躇し，これが学生の学習時間が短いことの原因の一つになっていた。しかし，コロナ禍の中の経験によって，それ

を改善する可能性があることが明らかになったのである。

　同時に注目されるのは「教員間の協力」も，これから活用するべき経験として捉えられていることである。これは伝統的に日本の大学教員は「フンボルト理念」の影響の下に，教育・研究の自由を標榜する反面で，教員間の協力が十分でなかったことを示すものであろう。ICT 技術の吸収についても，学生への課題の授業間の調整についても，教員間の協力が必要なことが改めて認識されたと言える。

　総じて言えば「授業」とは，①授業前：授業内容と教材の開示，②授業：講義と質問，③授業後：課題への解答作成による知識の内面化，という一連のプロセスから成る構造的なものであるべきだということが改めて認識されたと言える。

　こうした意味で ICT の利用は，ただ単に伝達手段の効率化という技術面だけでなく，授業の理念や方法，そして教員組織の在り方を大きく変化させる可能性がある。それを通じて日本の大学教育の質的な高度化が進められることが期待される。

出典・参考文献

・朝日新聞・河合塾　共同調査『特集・コロナ禍での大学の取り組み〜2020年度「ひらく　日本の大学」緊急調査結果より』，2020年
・*AXIES* 大学 ICT 推進協議会『ICT の利活用に関する調査研究結果報告書』（第2版），2020年
・金子元久『大学教育力─何を教え，学ぶか』ちくま新書，2008年
・金子元久『大学教育の再構築─学生を成長させる大学へ』玉川大学出版部，2013年
・金子元久「コロナ禍後の大学教育　─大学教員の経験と意見」東京大学大学院教

育学研究科　大学経営・政策研究センター（CRUMP），2021年
・文部科学省「大学等における新型コロナウイルス感染症への対応状況について」
　https：//www.mext.go.jp/kaigisiryo/content/20200914-mxt_koutou01-000009906_
　15.pdf（2021.5.1取得）
・文部科学省デジタル化推進本部「文部科学省におけるデジタル化推進プラン」，
　2020年
・Educause（2015）．ECAR Study of Undergraduate Students and Information Technology
・Office of Educational Technology（January, 2017）．"Reimagining the Role of Technology in Higher Education：A Supplement to the National Education Technology Plan"

13 | オンライン教育における ICT 活用

辻　靖彦

《目標＆ポイント》　e ラーニングや MOOC，そして反転授業などさまざまな形式のオンライン教育において ICT が活用されてきた。それに加えて2020年，コロナ禍により世界中の高等教育機関において対面授業のオンライン化がほぼ強制的に実施されることになった。本章では，コロナ以前からの状況を踏まえた2020年度時点における日本の遠隔教育の現状と，オンライン教育を支えるツールとシステム，そして授業における ICT 活用について説明する。

《キーワード》　オンライン授業，遠隔教育，遠隔授業

1. 日本の高等教育機関における遠隔授業の現状

　2021年1月現在，新型コロナウィルス（COVID-19）の感染拡大対策により，世界中の教育機関が大きな変革を半強制的に求められている。ここでは，コロナ禍前およびコロナ禍における日本の高等教育機関における遠隔教育の現状を整理する。

（1）コロナ禍前における日本の遠隔授業の現状

　新型コロナの感染拡大が生じる前の2018年の段階でも，大学，短期大学，高等専門学校等の高等教育機関において ICT の活用が盛んになりつつあった。オンライン授業だけでなく，対面授業においても ICT の利用は進んでいたと考えられる。

　大学 ICT 推進協議会（AXIES）が主導となって2018年１月〜３月に全国の高等教育機関を対象に行った調査によると，オンラインで遠隔授業を行っていると回答した大学（学部研究科）の割合が48.7%，ｅラーニングや ICT 活用教育における基盤となるシステムである LMS（ラーニング・マネジメント・システム）の四年制大学における導入率が69.2%といずれも増加している傾向にある（AXIES, 2019[1]）。したがって，新型コロナが感染拡大するより前の日本の高等教育においても，ｅラーニング等の遠隔授業や ICT 活用教育において，少なくともその導入が進みつつある状況であったと考えられる。

　その一方で課題もあった。環境面での導入は進んでいてもなかなか実際の授業で使われていなかったという問題である。例えば先程の調査において，LMS が「授業の中で使用されている」と回答した大学（学部研究科）は31.6%にすぎない。また，次節で紹介する Web 会議システムが「授業の中で使用されている」と回答した大学は10.6%にとどまっている。その他の授業中で用いられている ICT ツールとしては，スライド教材（91.0%），Web 上の教材・ビデオ（53.7%），コラボレーションツール（21.6%），講義映像等のストリーミングビデオ（21.4%），ファイル共有ツール（21.0%）がある。

　これらの調査結果より，コロナ禍前の日本の高等教育機関においては ICT 活用教育の環境は整いつつあり，実際に一部の ICT ツールは使われつつある状況もうかがえる一方で，遠隔授業の実施や授業中の ICT の利用は一部の科目にとどまっており，機関全体としての実施には至っていなかったと考えられる。

1　この調査結果は執筆時の2021年２月現在では最新である。しかし，2021年１月より AXIES ではその次の後継となる ICT 活用教育の推進に関する調査を日本の全高等教育機関を対象に行っている。その調査においては新型コロナ対策なども踏まえた調査項目となっているので，その結果が待たれるところである。

（2）コロナ禍における日本の遠隔授業の現状

　2019年度末から2020年度前期にかけて，新型コロナウィルス（COVID-19）の感染拡大防止対策の一貫として，日本の高等教育においても対面授業の遠隔化が半ば強制的に実施されることとなった。遠隔化の準備等のために多くの大学等の機関で前期授業の開始が延期されたものの，文部科学省が高等教育機関に対して行った調査によると2020年6月1日の段階では99.7％（1066校）の大学が授業を実施しており，その中で約6割が面接授業を行わずに遠隔授業のみの実施（フルオンライン型），そして約3割が面接と遠隔を併用する形式で実施，つまり合計90.3％（963校）の大学が遠隔授業を実施したと回答している。なお，文部科学省が2020年10月〜12月に行った調査によると，2020年度の後期では50.4％（$n = 377$）の大学が授業全体の半分以上を対面授業で実施したと回答している。フルオンライン型の遠隔授業が主体であった前期とは変化し，対面授業と遠隔授業を授業回ごとに切り替えて行うブレンド型のオンライン授業や，各授業回において対面授業と遠隔授業を同時に並行して行うハイフレックス型の授業[2]が前期とは異なり，多くの大学で行われたことがうかがえる。

　いずれにしても前節の2018年の調査結果を踏まえると，遠隔授業を実施するには，LMSやWeb会議システム等の何からの教育を運用するためのICTツールや遠隔授業実施のための支援体制等が必要とされることから，その実現には全国の大学における，教職員の苦労がうかがえる。

　なお，コロナ禍によって強制的に実施されることになった遠隔授業を受講した学生側の評価としては，受講生を対象に行った大学の調査によるとオンライン授業は好意的に評価されており，今後の利用を望む声がうかがえる（田浦　2020，野瀬・長沼　2020）。しかしその一方で，通

2　これらのブレンド型とハイフレックス型の遠隔授業は田口（2021）の定義に基づく。

学制の大学の学生でありながらキャンパスに通うことができない状態に対する学生の不満や不平の声も見られる（全国大学生活協同組合連合会広報調査部，2020）。今後，日本の高等教育におけるオンライン授業や遠隔授業がどのようになっていくのか，については明らかになっていない。新型コロナ対策だけでなく，オンライン授業と対面授業の双方の長所と短所を踏まえたやり方が求められると考えられる。

2.　オンライン教育を支えるツールとシステム

　本節では，オンライン授業やeラーニングなどのオンライン教育を支えるために中心的な役割を果たしていると考えられるツールやシステムについて紹介する。具体的には，LMS，Web 会議システムについてその機能と大学における利用の実情について概観する。

（1）LMS
●LMS とは

　LMS とは Learning Management System の略称であり，遠隔における学習であるオンライン授業やeラーニング，そして対面における ICT を活用した教育を支援するためのシステム[3]である。LMS は日本語では「学習管理システム」と呼ばれることが多い。LMS にはさまざまな機能があるが，大まかに分類すると以下の4つがある（玉木ら，2010）。

① 　教材の配信

　ドキュメント，スライド，画像，音声，映像などの学習素材や，SCORM（Sharable Content Object Reference Model）コンテンツ等の電子教材を学習者へ配信する機能である。ファイルをアップロードするほかに，Web ページやテスト問題を Web ベースで作成・配信する機能

3　LMS のほかに CMS（Course Management System）や VLE（Virtual Learning Environment）という呼び方もあるが，意味はほぼ同じである。

もある。一般に，学習者はインターネットにさえ接続していれば，いつでもどこでも教材を閲覧できる。

② 学習履歴の蓄積

学習者が教材をいつ・何回閲覧したか，テスト形式の演習問題を何回受験し，どのように回答して結果は何点であったか，レポート課題をいつ閲覧し，いつ提出したかなどの学習者の学習行動に関する履歴を逐次，記録する機能である。対面の授業では困難であった，学習者がどのように学んでいるかという過程が可視化され，授業の設計やコンテンツなど，教育の改善に活かすことができる。

③ 学習進捗の管理

学習者がどこまで学んでいるかを教育者と学習者の双方が把握できる機能である。教育者は学習者の進捗状況を把握することで指導やメンタル面でのサポートに活かすことができる。

④ コミュニケーション

離れた場所にいる教育者と学習者間および学習者同士のコミュニケーションを支援する機能である。例えば授業に関するお知らせ，学習者同士で議論や情報交換をするための電子掲示板，電子メールのように利用するメッセージ，そして Web 会議やチャット機能等がある。

これらの基本的機能に加えて LMS では一般的に，モジュールプログラム等のプラグインを LMS へインポートすることにより，機能の追加を行うことができる。図13-1 は無償の LMS の一つである Moodle の公式サイト（https：//moodle.org/）における，モジュールプログラムの

一覧を示している。Moodle 公式サイトにユーザ登録を行えば，誰でも
これらのモジュールプログラムをダウンロードし，利用することができ
る。

●さまざまな LMS

　LMS には実際にはどのようなシステムがあるのかを本項では述べ
る。LMS は大まかには，Moodle や Sakai などの無償のオープンソース
のシステムと，Blackboard Learn のような商用のシステムの 2 種類があ
る。AXIES が2017年度に行った全国の高等教育機関を対象にした調査
によれば，日本の高等教育においては大学の65.6％が LMS を導入して

図13-1　Moodle のモジュールプログラムの一覧

（出典：Moodle の公式サイト）

おり，大学においては Moodle の利用が最も多いことがわかっている（AXIES，2019）。

　では，商用と無償の LMS では，それぞれどのような利点・欠点があるのだろうか。表13-1にそれぞれの利点と欠点をまとめた。商用の LMS を利用する大きな利点としては，LMS の導入や運用において，開発業者によるサポートを受けやすいという点がまずあげられる。機関の内部でサーバマシンやシステムの運用管理を行うノウハウがなくても，高い信頼性を持ってオンライン授業や e ラーニングを運用できると言える。反対に欠点としてはライセンス料に加えて商用サポート料がかかり，総合的には費用が多くかかってしまうことがあげられる。さらに別

表13-1　LMS の種類と利点・欠点

種類	LMS の例	利点	欠点
商用	Blackboard-Learn WebClass UNIVERSAL PASSPORT	商用サポートを受けやすい	費用がかかる ベンダロックインの可能性有
オープンソース	Moodle Sakai	ライセンス料がかからない ベンダロックインを回避できる	商用サポートを受けにくい 自己責任 導入時に構築する必要がある
クラウドベース（無償）	Google Classroom schoology	ライセンス料がかからない 導入時の構築コストが少ない サーバ管理の必要がない	サービスが終了になったら移行が必要。追加開発がしにくい。

（出典：筆者作成）

の欠点としては，商用のソフトウェアを使っている場合，独自の規格を使っているために他のシステムへの乗り換えが難しいという，いわゆるベンダロックインに陥ってしまう可能性が考えられる。極端な話かもしれないが，開発業者が買収されて別の業者になる，もしくは何らかの理由で開発をやめてしまう，という可能性もゼロではない。

　一方，無償の LMS としては，オープンソースのものとクラウドサービスのものがある。オープンソースのシステムの利点は，商用システムと反対の話になるが，ライセンス料がかからないこと，いま言及したような特定の業者に依存する心配がないことがあげられる。反対に欠点としては，無償のソフトウェアであるがゆえに，商用サポートを行ってくれる業者があまりないといったことが考えられる。もちろん，技術力のある教員や職員が組織にいれば，自前で構築して運用することも考えられるが，その場合は何かトラブルが起きた場合は自己責任になってしまうので注意が必要である。このこともオープンソースシステムの欠点の一つと言えるだろう。

　それに対して2021年現在では，クラウドベースの LMS も利用されつつある。その例としては Google が教育機関に対して無償で提供している Classroom や，同じく無償で初等中等教育機関向けに提供している schoology といったサービスがある。これらは既にクラウド上でセットアップされているサービスを利用するために，オープンソースのシステムと比べて，構築する手間が大幅に縮小できることが利点である。

●LMS の画面

　図13-2に LMS の実際の画面例を示す。これは放送大学自己学習サイトであり，LMS の一つである Moodle 上に SCORM 形式の教材を載せた例とも言える。SCORM（ADL, 2006）についてここでは深く言及

しないが簡単に触れておくと，SCORM は Web ベースの学習コンテン
ツの技術的な標準規格であり，アメリカの e ラーニング規格の標準化団
体である ADL（Advanced Distributed Learning Initiative）によって定め
られた。SCORM は，LMS と教材間のデータ等の受け渡しおよび教材
に付与するメタデータを標準化することで，教材の共有および再利用を
促すことを目的としている。SCORM 規格に沿って作成された e ラーニ
ング教材は，SCORM に対応している LMS であれば基本的に同じよう
に利用できることになっている。図13-2の左側にはコンテンツの一覧
が表示されており，各単元（SCO という）の学習状態がチェックマー
クやビックリマークで記されている。これを見ることで学習者は，どこ
まで勉強が進んだのか，苦手な単元はどこなのかを視覚的に把握でき
る。また，もっと詳細に学習の進捗を一覧で表示されることもできる。
さらに，教員ユーザーからは各学習者の進捗の一覧も閲覧できるので，
全体的に学生がどのくらい学習を進められているのか，そしてどの問題
でつまずいているのかといったことを把握することができる。

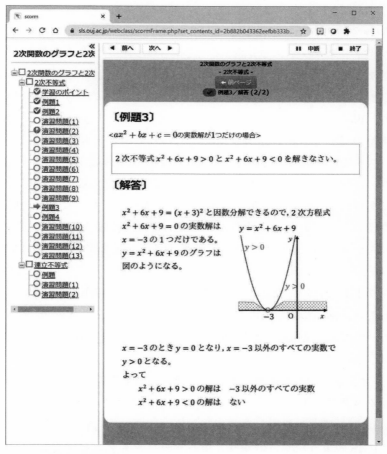

図13-2　LMS の画面例

（出典：放送大学自己学習サイト）

（2）Web 会議システム

　Web 会議システムとは一般に，インターネット回線を経由して遠隔地の相手とオンラインで会議を行うシステムのことを指す。似たようなシステムとしてテレビ会議システムがあるが，それとは異なり，Web 会議システムは専用の機器や回線を必要としないために初期費用が抑えられ，Web カメラを取り付けたパソコンやスマホ，タブレットがあれば手軽に導入できる点がメリットと言われている。もともと，Web 会議システムはどちらかというと教育よりもビジネスの現場で用いられる色合いが強く，企業等でオンラインの会議を行う際に開発されたシステムであった。しかし2021年2月現在，コロナ禍とともに大学等の高等教育機関における教育の急速なオンライン化に後押しされる形で Web 会議システムの導入が進んだという経緯がある。前節で紹介した LMS は基本的に，遠隔教育で用いる場合は非同期型のオンライン授業や e ラーニングとして用いることが多い。それに対して，Web 会議システムは一般的に，同期型の遠隔教育で用いられる。図13-3に Web 会議システムの一つである Microsoft Teams を用いた遠隔授業の一例を示す。

（3）オンライン教育運用における支援体制の重要性

　遠隔授業等のオンライン教育で遠隔地からの学習を円滑に運用していくにはさまざまな条件および課題が存在する。教育提供者側の例として，LMS のような学習の基盤となるサーバシステムを安定して運用し続けるためには，サーバの保守管理やシステムの維持管理等，継続的な技術支援が必要であることがまずあげられる。また，学習システムに関しては技術的な支援だけでなく，教員に対して使い方を支援したり，教材の作成方法に関する支援を行うといった教育的な支援も必要な場合も考えられる。学習者側の課題の例としては，モチベーションの問題がま

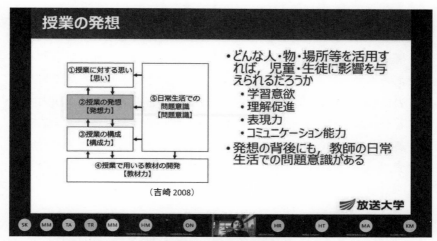

図13-3　Web 会議システムを用いた遠隔授業の一例

（出典：筆者撮影）

ずあげられる。遠隔地の学習者は基本的に孤独であるため，学習内容につまずいてしまったり，飽きてしまったときに学習意欲を維持することが難しいと言われている。

　このような課題を解決するために，eラーニングでは支援体制が重要であると言われている。実際に教育機関では，eラーニングや ICT 活用教育に関する支援体制を持つ機関も存在する。AXIES が行った全国の高等教育機関を対象にした調査によると，eラーニングおよび ICT 活用教育を推進するための「技術的支援」および「教育的支援」を行う組織が存在するかどうかをアンケートにより調べたところ，67.1%（n=477）の高等教育機関が「技術的支援」を，49.5%の機関が「教育的支援」を行う組織が機関内に存在する，とそれぞれ回答している（AXIES, 2019）。

　一方，宮原ら（2011）らはeラーニングを活用した教育活動を効果的に実施するためには「プロジェクトマネジメントの必要性」と，教育活動を構造化して専門家による役割分担を明確にした「支援体制」が不可欠であると述べている。具体的には，その専門家による支援体制として，表13-2の役割を提唱するとともにモデルを提唱し，日本国内で活発にeラーニングによる遠隔学習を実践している大学6校に対する聞き取り調査を行っている。その結果によると，各大学においてすべての職務が表13-2のとおりに明確に分かれているわけではなく，大学の文化

表13-2　eラーニング運用を支援する職務（宮原ら，2011・改）

職名	職務内容
リエゾン	教材制作における教員に対する一括した窓口。
ラーニングコンシェルジェ	運用時の学生に対する窓口。
チューター	教員の手伝いをしながら学生からの質問に回答する。
メンター	学生の動機付けを支援する。
インストラクショナルデザイナー	教材制作を支援する。
コンテンツスペシャリスト	教材制作を実際に行う。
ヘルプデスク	コンピュータトラブルに関する質問に回答する。
ラーニングシステムプロデューサー	全般の運営に対する責務を担い，プロジェクト管理を行う。

（出典：宮原ら，2011）

や組織形態ごとに違いが見られるものの，支援組織体制としては関連性が確認されているとのことである。

3.　大学教員の授業における ICT 活用

　本節では，大学教員が授業においてどのような目的で ICT を用いてきたのか，について，コロナ禍前およびコロナ禍における状況についてそれぞれ述べる。

（1）コロナ禍前における授業の ICT 利用

　コロナ禍前の状況において，ICT はどのような目的で活用されていたのか，について述べる。AXIES（2019）の調査研究より，ICT ツールの利用目的をまとめたものを表13-3に示す。こちらは，大学（学部研究科），短期大学，高等専門学校の期間種別に ICT ツールの利用目的についての回答結果より，上位5項目についてまとめたものである。

　この表より，回答率が最も高かったのは大学と短期大学においては1位が「学務情報の伝達」，2位が「授業に関する教材の提供」であった。「授業に関する教材の提供」は高等専門学校においては1位であったことから，日本の高等教育の ICT 活用教育において学務情報や学習コンテンツが重視されている傾向がうかがえる。その一方で，大学と短期大学においては「レポートなどの提出」と「学生・教員間のコミュニケーション」もそれぞれ3位と4位に入っていることから，授業における双方向のやり取りにも ICT ツールを用いる傾向がうかがえる。「自学自習」においては大学や短期大学でも5位に入っている一方で，高等専門学校では3位に入っていた。高等専門学校で「自学自習」の割合が大きい理由としては，高等専門学校においては理科系や理工系のカリキュラムが重視されていることが考えられ，そのような授業内容において

表13-3　ICT ツールの利用目的

順位	大学（学部研究科）	短期大学	高等専門学校
1	学務情報の伝達（89.9%）	学務情報の伝達（81.6%）	授業に関する教材の提供（93.6%）
2	授業に関する教材の提供（85.3%）	授業に関する教材の提供（73.0%）	レポートなどの提出（85.1%）
3	レポートなどの提出（79.9%）	レポートなどの提出（70.3%）	学務情報の伝達（80.9%）自学自習（80.9%）
4	学生・教員間のコミュニケーション（72.9%）	学生・教員間のコミュニケーション（64.9%）	
5	自学自習（68.5%）	自学自習（56.8%）	授業評価のアンケート（76.6%）

（出典：AXIES 2019，改）

ICT ツールでの利用を想定している可能性が考えられる。

（2）コロナ禍における大学教員の授業における ICT 活用

　前項や第1節で紹介した大学等における ICT 活用に関する調査は，大学機関を対象としたものであるので，実際に各大学におけるそれぞれの授業の中で ICT がどのような意図を持ってどのように用いられるのかについて，個々の教員レベルにおける俯瞰的な状況はあまり明らかにされてこなかった。そこで，コロナ禍における大学教員の ICT 利用に関する実態調査（辻ほか　2020）のデータをここでは紹介する。

　以下の図13–4に，大学教員529名から2020年5〜6月時点での担当授業において，ICT を用いて行ったことに対する回答結果を示す。具体的には，授業における ICT 利用の方法を示した14の小項目に対して，「よ

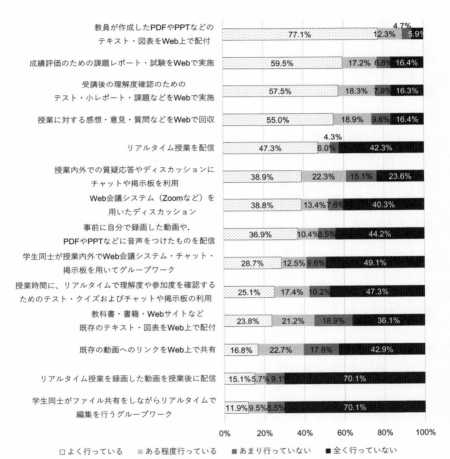

図13-4　大学教員の担当授業における ICT 利用（*n*＝529）

（出典：辻，ほか，2020）

く行っている」～「全く行っていない」の4段階尺度で回答させたものである。

　これより，授業における教材配布にあたる「教員が作成した PDF や PPT ファイルなどのテキスト・図表を Web 上で配付」や，学生からのフィードバックに当たる「成績評価のための課題レポート・試験を Web で実施」，「受講後の理解度確認のためのテスト・小レポート・課題などを Web で実施」，「授業に対する感想・意見・質問などを Web で回収（LMS や Google フォームなど）」といった ICT の利用がよく行われていた。その一方で，「リアルタイム授業を配信（授業時間にライブでの講義を配信）」を行っている教員は約5割であった。また，「事前に自分で録画した動画や，PDF や PPT などに音声を付けたものを配信」を行っている教員も約5割と同じくらいであることから，同時双方向型のライブ講義や動画教材の配信はそれぞれ半数程度の教員が行っていたと考えられる。

出典・参考文献

・大学 ICT 推進協議会　ICT 利活用調査部会，高等教育機関における ICT の利活用に関する調査研究結果報告書（第2版），2019
・服部正，大学等における後期等の授業の実施方針等に関する調査結果および9月15日付通知について，【第17回】4月からの大学等遠隔授業に関する取組状況共有サイバーシンポジウム遠隔・対面ハイブリッド講義に向けての取り組み，国立情報学研究所，2020.9.25
・文部科学省，新型コロナウィルス感染症の状況を踏まえた大学等の授業の実施状況，2020.6.5

・文部科学省，大学等における後期等の授業の実施状況に関する調査，2021
・野瀬　健・長沼祥太郎，九州大学のオンライン授業に関する学生アンケート（春学期）について，2020（https://www.nii.ac.jp/event/upload/20200710-08_Nose-Naganuma.pdf）（2021.9.17取得）
・田口真奈，授業のハイブリッド化とは何か―概念整理とポストコロナにおける課題の検討―，京都大学高等教育研究第26号（2020）
・田浦健次朗，オンライン授業に関するアンケート結果の紹介（東京大学），2020（https://www.nii.ac.jp/event/upload/20200904-06_Taura.pdf）（2021.9.17取得）
・辻　靖彦，稲葉利江子，高比良美詠子，田口真奈，コロナ禍初期における大学教員の ICT 利用実態に関する調査結果～大学教員の授業における ICT 利用に関する縦断調査～，2021
（https://sites.google.com/ouj.ac.jp/ictsurvey/%E8%AA%BF%E6%9F%BB%E5%A0%B1%E5%91%8A）（2021.9.1取得）
・全国大学生活協同組合連合会広報調査部，【7月版】「緊急！大学生・院生向けアンケート」大学生集計結果速報，2020
（https://www.univcoop.or.jp/covid19/recruitment_thr/pdf/link_pdf02.pdf）（2021.9.17取得）

14 | 高等教育における障害学生支援とICT 活用

広瀬洋子

《**目標＆ポイント**》　わが国では2016年に障害者差別解消法が施行され，障害者への合理的配慮は国公立大学では義務，私立大学では努力義務となった。その後2021年の改正により合理的配慮はすべての大学で義務となった。

　本章では，この法律によって日本の高等教育（大学，短大，高等専門学校など）の障害者支援が，どのように進展しつつあるのか，歴史的変遷を踏まえつつ，ICT を活用した支援の在り方を紹介する。また，急激に増加しているオンライン授業についても，障害学生に対して必要な配慮を考えてみたい。本書は数年にわたって使用するテキストであるので，日進月歩で変化し進展する技術については詳細に紹介することは避けるが，その軸となる技術の方向性について言及したいと思う。

《**キーワード**》　高等教育機関，障害学生，ICT 活用，障害者差別解消法，合理的配慮

1．障害者差別解消法施行の意義

　日本では学ぶ意欲さえあれば，いつでも，誰でも，高等教育を受けることができると考えられている。社会人入学枠の拡大，夜間大学院，放送大学などのインターネットを使った高等教育機関も増加しており，多様な学び方が提供されるようになった。

　一方，障害者にとって，長い間，大学で学ぶことは容易なことではなかった。学校の選択，受験情報の収集，手続き，入試，さらにようやく入学したとしても，講義の理解，適切な教材の入手，レポートの提出，

試験など，越えなければならないハードルが幾重にも立ちはだかっていた。

　2016年４月から障害者差別解消法により，障害者への差別禁止と合理的配慮の提供が行われることになった。こうした制度的変化により，日本の高等教育における障害者支援は，限られた教育機関でのみ行われる特別の取り組みから，すべての教育機関が実施すべき法令遵守の取り組みの一つとなった。

　この背景には，2006年に国連総会で採択され，2008年に発効した障害者の権利条約がある。この条約の内容は，障害者の人権及び基本的自由の享有を確保し，障害者の固有の尊厳の尊重を促進することを目的として，障害者の権利の実現のための措置等について定めたものである。

　特に注目すべきは，その第二条において，「『障害に基づく差別』とは，障害に基づくあらゆる区別，排除又は制限であって，政治的，経済的，社会的，文化的，市民的その他のあらゆる分野において，他の者との平等を基礎として全ての人権及び基本的自由を認識し，享有し，又は行使することを害し，又は妨げる目的又は効果を有するものをいう。障害に基づく差別には，あらゆる形態の差別（合理的配慮の否定を含む。）を含む」と定義している。

　障害者差別解消法によって，高等教育機関は，障害者に対して合理的配慮を義務づけられたのだが，多くの人にとって，「合理的配慮」とは耳慣れない言葉であろう。

　国連障害者権利条約によれば，「合理的配慮」とは，「障害者が他の者との平等を基礎として全ての人権及び基本的自由を享有し，又は行使することを確保するための必要かつ適当な変更及び調整であって，特定の場合において必要とされるものであり，かつ，均衡を失した又は過度の

負担を課さないものをいう」とある。

この法律の成立により，大学にとって障害者支援は国公立大学では義務，私立大学では努力義務となったが，2021年にこの法律の改正法が可決され，私立大学でも「合理的配慮」は義務となった。

しかし，ここで注意すべきは，「合理的配慮」には明確に定められた細則はなく，障害学生本人と該当する教育機関の教職員の間で，適切な変更・調整を行うことであり，その調整プロセスによって合意を形成していくことである。また「合理的配慮」とは，その教育機関にとって過度な負担を課さないものをいう。過度な負担とは教育・研究への影響，実現の可能性，費用負担，大学の規模や財政状況等を鑑みての判断である。

このように「合理的配慮」によって，障害学生からの個別ニーズへ対応し，障害のある人が社会的から排除されない学びの環境を調整しながら構築していくことが求められている。

2. 日本における障害者と高等教育

（1）日本の大学の障害学生への門戸開放

次に日本の大学の障害者支援の変遷を概観してみよう。

視覚障害者の大学進学は明治末から始まった。2人の弱視者が明治33（1900）年に東京高商（現一橋大学），翌年に同志社大学神学部を卒業し，その後も関西学院大学や東京女子大学など，盲人に理解を示す大学が数少ないパイオニアたちを受け入れてきた。

第二次世界大戦後，占領軍である米国の後押しで文部省は点字受験を始め，昭和40年代には，視覚障害者による大学の門戸開放を求める運動が始まった。昭和54（1979）年に始まった大学共通第1次学力試験（その後大学入試センター試験となる）では，点字受験，試験時間の延長，

別室試験が可能になり，その後も拡大文字など配慮を拡大していき，全国の大学入試に大きな影響を与えた。

　聴覚障害者の高等教育は，明治36（1903）年に聾学校教員養成機関に聴覚障害者が特別に入学を許可されたことから始まり，昭和43（1968）年まで，教員養成としての高等教育の機会は継続されていた。その後，一般大学で，健聴者との共学が志向されたが，大学側の受け入れ体制がなかったので，関係者の苦労は並々ならぬものがあった。昭和30年代には，聴覚障害者の一般大学への進学が本格化し，昭和50年代には軽度の難聴者を含めると200名前後が高等教育機関に入学するに至った。昭和54（1979）年の共通一次試験開始以来，手話通訳者の配置などの配慮がなされるようになった。

　現在では視覚・聴覚の障害のある学生への教育に特化した大学として，筑波技術大学が設立され，視覚障害者には，保健科学部の中に保健学科と情報システム学科がある。聴覚障害者には，産業技術学部の中に，産業情報学科と総合デザイン学科がある。

（2）障害学生の数の推移と現状

　令和元（2019）年度における全国の大学，短期大学，高等専門学校に在籍する全体の学生数は，3,214,814人である。一方，障害学生数は，37,647人と増え続けている（図14-1）。

　ここで全国の障害学生数と，受け入れている高等教育機関を見てみよう。図14-2の令和元（2019）年度の障害学生数37,647人の全学生数に対する割合は1.17％である。障害種別内訳は，「視覚障害」887人，「聴覚・言語障害」1,980人，「肢体不自由」2,391人，「病弱・虚弱」12,374人，「重複」505人，「発達障害（診断書有）」7,065人，「精神障害」9,709人，「その他の障害」2,736人である。

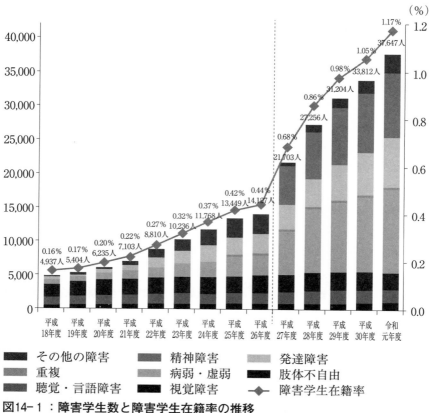

図14-1：障害学生数と障害学生在籍率の推移

（出典：令和元年度　日本学生支援機構の調査から）

　また，障害種別の構成比は，「視覚障害」2.4%，「聴覚・言語障害」5.3%，「肢体不自由」6.4%，「病弱・虚弱」32.9%，「重複」1.3%，「発達障害（診断書有）」18.8%，「精神障害」25.8%，「その他の障害」7.3%である。

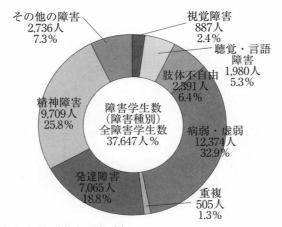

図14-2：障害学生数（令和元年度）

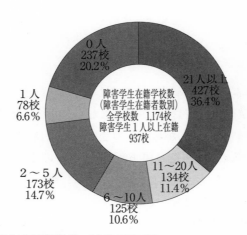

図14-3：障害学生在籍学校数（令和元年度）

（出典〈図14-2，14-3〉：日本学生支援機構の調査）

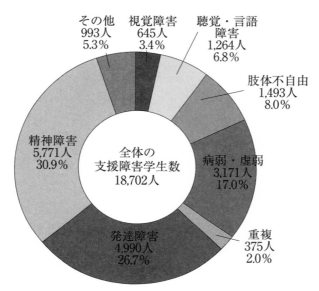

図14-4：支援障害学生数（令和元年度）

（出典：日本学生支援機構の調査）

　次に受け入れ高等教育機関を見てみると，図14-3の在籍学校数は全部で937校，全学校数1,174校の79.8％となっている。21人以上の受け入れは427校（36.4％），11人から20人の受け入れは134校（11.4％），6人から10人の受け入れは125校（10.6％），2人から5人の受け入れは173校（14.7％），1人の受け入れは78校（6.6％）で，障害学生が在籍していない学校は237校（20.2％）である。

　次に，支援障害学生数を見ていく（図14-4）。支援障害学生数とは，学校に支援の申し出があり，それに対して学校が何らかの支援を行っている障害学生の数のことをいう。

　全障害学生（37,647人）のうち，支援障害学生の総数は18,702人で，前年（平成30年）度（17,091人）より1,611人増えている。

　学校種別で見ると多い順に，まずは「大学」が16,877人で，前年度（15,366人）より1,511人増えている。次いで「高等専門学校」は1,016人で，前年度（975人）より41人の増。「短期大学」は809人で，前年度（750人）より59人の増である。

　学校種別・設置者別で見ると多い順に，「私立大学」12,062人で，前年度（11,064人）より998人の増。「国立大学」は4,073人で，前年度（3,564人）より509人の増。「国立高等専門学校」は913人で，前年度（906人）より7人増えている。

　障害種別で見ると多い順に，「精神障害」5,771人で，前年度（5,420人）より351人の増。「発達障害」4,990人で，前年度（4,325人）より665人の増。「病弱・虚弱」3,171人で，前年度（2,819人）より352人の増となっている。

　障害学生が学生生活を送るうえで実際にどのような支援を受けているかは大きな問題であり，その質や数に今後も注視していきたい。

3.　高等教育における障害学生支援とICT

（1）視覚障害者への支援とICT

　視覚障害者が大学入学後に困難を感じる事柄は何だろうか。通学や大学構内の移動，授業や教材や試験等に関する学習上の問題など多岐にわたる。

　学習や授業に関して，視覚障害のある学生への必要な配慮について考えてみよう。授業に関しては，座席の位置，教員が黒板に板書きする内容を読み上げること，講義のレジュメの配布，資料やテキストの点訳，拡大文字，触図等の教材の活用などがあげられる。全盲の学生は，学内

外の機関やボランティアを利用して，点訳や朗読のサービスを受けている場合が多い。しかし，テキストの点字化などには時間がかかるので，学校側は，学期が始まる前に必要な教科書等のリストを配布するなどの配慮が必要である。

以下にパソコンや情報端末機器を活用した学び方の代表例をあげてみたい。

①ICT活用による文書処理能力の向上

パソコンの出現と普及は，視覚障害者にとって大きな利便性をもたらした。音声合成装置，音声出力ソフト，点字ピンディスプレイ，点字プリンタ等を利用することによって，視覚障害者が墨字の文書を作り，電子化されたデータを音声合成装置によって読むことが可能になった。現在，大学に学ぶ視覚障害学生のほとんどが，ICTを活用し，レポートや課題を墨字で提出している。

授業でパワーポイントなどをパソコンのディスプレイで提示する場合は，事前に学生に印刷物あるいは電子データを渡すことが必要で，写真や絵などは，教員あるいは隣の学生などに説明してもらうことも必要である。

②朗読サービス等

その場の支援として，授業中に視覚障害者の隣に座って，講義中の板書等をその場で口頭で伝える「代読」や，利用者と支援者が対面しながら資料等を読み上げる「対面朗読」などがある。また，授業を録音する支援も考えられる。ICT活用としては，パソコンや端末のアクセシビリティ機能で画面を読み上げたり，画面を拡大する方法がよく行われている。教材，資料，レジメ等のテキストデータが提供されると，学生本人

のニーズに合う速度や音質に調整することができる。さまざまな支援方法を組み合わせ，効率よく学習できるような配慮が必要である。

（2）聴覚障害者への支援と ICT

　大学生活において聴覚障害は視覚障害と比べて外見から認識するのが難しく，本人が周囲に積極的に自らの障害について理解を求め，ニーズを明確に伝えないかぎり周囲に理解されにくい。そういうニーズや手助けについて自由に語り合えるコミュニケーション作りが大切である。クラスでは，聴覚障害者も健聴の学生と一緒に授業に参加できるように保障することが大切であり，講義の内容を把握するために必要な情報保障は，以下のとおりである。

①聴覚障害者への情報保障

（ア）ノートテイク

　聴覚障害学生に対する講義保障として最も一般的に使われるのは，本人に代わって講義を聞きとり記述していく「ノートテイク」である。

（イ）手話通訳

　手話はほとんどリアルタイムに近い状態で通訳をすることができる。1コマ90分の授業に2名の手話通訳者があたるのが一般的である。大学では，入試の面接・入学式・卒業式のほかにさまざまな発表会や報告会等で使われている。

（ウ）パソコン通訳（パソコン要約筆記・パソコンテイク）

　パソコンで話者の音声情報を入力し，画面に表示したりスクリーンに映し出したりして伝える。手書きであるノートテイクと比べて，情報量は多くなるが，パソコンを使える環境や，クラス内での席の確保などが必要である。

②**専門性レベルの保障**

　しかし，大学の講義内容を，手話や手書き，あるいはパソコン入力で文字化し，聴覚障害者に伝達する仕事は誰でもすぐできることではない。高度な専門用語もあれば，ある程度の知識を前提とした内容である場合が多いからである。一般の聴覚障害者に市役所や病院での手続きなどをサポートする手話通訳者が，こうした講義を通訳できるとは限らない。

　授業担当者と前もって，講義の概要や専門用語に関する資料の提供，授業中の話し方などについて話し合っておくことも重要である。それによって通訳者の負担や情報保障の質量ともに大きく影響する。

　大学によっては，同じ授業を既に履修した学生の中からノートテイカーを探し，学生の手話通訳者育成に力を入れている大学もある。

　最近では，音声認識技術を用いて相手の発話を自動的にテキスト化した文字を情報端末で見ることができるアプリケーションなどが複数開発され，講義で利用されたり，また，学生本人が使っていることが多い。

　以下は，京都大学 HEAP が作成したコンテンツから抜粋して，情報端末機器の活用について引用する。

①**障害のある学生の iPad 活用**

　多くの学生と同じように iPad 等（iOS 端末）は各種設定を工夫することで，障害のある学生にとっても便利な端末である。タブレット端末を使いこなすことは修学支援だけではなく，日常生活のちょっとした助けになるであろう。

　iPad の「設定＞一般＞アクセシビリティ＞」には，「視覚サポート」「身体機能および操作」「視覚サポート」の三つの項目があり，

カスタマイズできるようになっている。障害のある学習者が自分の
ニーズに合わせて，iPadのアクセシビリティ機能を活用して，学
習上の不便を補うため活用している。技術の進展は早いので，ここ
では使い方の詳細は記述しない。読者がそれぞれ試してほしい。

②iPadをカスタマイズして活用

　「VoiceOver（スクリーンリーダー）」をオンにして，読み上げ機
能を使う。ユーザー辞書に頻繁に使うフレーズなどを登録しておく
ことで，テキスト入力を簡単にすることができる。

　フォントの調整，ディスプレイ調整もでき，最適なものを選ぶこ
とができる。ズーム機能の拡大率は100％〜1500％で調整可能。拡
大鏡では，iPhoneのカメラを使い，レンズを向けたもののサイズ
を拡大できる。フラッシュを使って対象物に光をあてたり，フィル
タを調整して色を識別しやすくしたり，写真を撮って静止した状態
のクローズアップを見ることもできる。

　「Siri（音声入力）」を使えば画面に触れずにアプリの呼び出しや
検索も簡単にできる。「ショートカット」（app）を活用すると，複
数の操作をワンタッチ（または一言）で完了することができる。音
声入力を使うと文書作成もよりスムーズになるかもしれない。

　「タッチ」＞「AssistiveTouch」はホームボタンが物理的に壊れ
てしまったという場合だけでなく，音量や画面の向きのロックなど
機能が調整でき，カスタマイズして使うことができる。

　「タッチ調整」では，運動の調整が難しくタッチ操作が難しい場
合，0.1秒から4.0秒までの反応時間の調整ができる。その他，タッ
チをその場で押し続けることができない場合の調整等も可能であ
る。

4. 遠隔授業（オンライン学習）における障害者への
支援と配慮

　新型コロナウイルスの感染拡大の中において，大学は授業等のオンライン化に大きく舵を切った。諸外国と比べて，日本の大学のオンライン化は質量ともにかなり遅れをとっていたが，各大学はその方向に向かわざるを得なかった。一般の学生のオンライン環境を整備し，かつ，授業をオンラインで配信する作業は，困難の連続であったが，コロナの終息いかんにかかわらず，オンライン授業はこれを機に日本の高等教育システムの中に根付いていくことは間違いない。ここで障害のある学生の学習を考えた場合，オンライン授業等において個々のニーズに合わせたサポートが必要であり，各機関においてきめ細やかな配慮が提供されることが求められる。

　全国高等教育障害学生支援協議会（AHEAD JAPAN）では，オンライン授業等に関する障害学生支援の情報やノウハウを集約し，Web サイトに掲載している。（https : //ahead-japan.org/covid19/）

　本節では，そこで紹介されている「視覚障害学生のオンライン授業を支援する会」（https : //psylab.hc.keio.ac.jp）と，「日本聴覚障害学生高等教育支援ネットワーク（PEPNet-Japan）」（http : //www.pepnet-j.org）の2つの支援団体の情報を抜粋し掲載する。それぞれのサイトは，随時，情報が更新されるので，注意して参考にしていただきたい。

（1）遠隔授業の情報保障：視覚障害者のために

遠隔授業の情報保障のヒント　視覚障害編
（「視覚障害学生のオンライン授業を支援する会」提供）
１．遠隔から支援を行う際
・視覚障害のある学生の場合，スクリーンリーダーや画面拡大ソフト等を使って情報にアクセスする。そのため，ホームページや添付ファイル等のアクセシビリティには注意すること。
・特に，新入生の場合，スクリーンリーダーや画面拡大ソフト等の使い方に慣れていない可能性があるため，電話等の学生が確実に使いこなすことができる連絡方法を確保すること。
・授業開始前に，画面共有機能等も活用しながら，視覚障害学生とともに「事前の操作確認・練習」をすること。
・遠隔から支援をする際には，学生の PC の画面を共有することができるビデオ会議システムを利用すると便利である。なお，スクリーンリーダーでのアクセスが比較的容易なのは，Zoom ミーティングだと言われている。

２．遠隔授業を行う際
・学生が遠隔授業に確実に参加できるように事前確認をすること。
・視覚障害学生の受講に際しては，当該学生の ICT スキルを踏まえ，⑴システムのアクセシビリティ，⑵授業コンテンツのアクセシビリティ，⑶授業形態や進行方法のアクセシビリティについてそれぞれ検討することが大切である。
・リアルタイムのオンライン授業を行うためのアプリ・ソフトには，Zoom ミーティング，Cisco Webex Meeting，Google Meet

（Hangouts Meet）等，各大学で推奨されているツールがあると思われる。しかし，これらのツールは，視覚障害学生にとって操作しやすいとは限らない。特に，スクリーンリーダーでは，単独ではアクセスすることが困難な場合がある。選択が可能な場合には，視覚障害学生が使い慣れたツールを使えるようにする。また，ソフトおよびシステムを選択できない場合には，代替措置を検討すること。

・遠隔授業，特にリアルタイムの双方向授業では「画面が見えなくても参加できるように進行する」ことが必要である。

・Moodle，Universal passport，manaba 等の授業支援システム（LMS）を利用する際にも，スクリーンリーダーや画面拡大ソフト等のアクセシビリティに配慮すること。大学等の推奨システムがアクセシブルではない場合には，メール添付等の代替措置を検討する。

・教材として動画を作成する際には，画面を見なくてもわかるような説明をする。また，スライド等の資料を作成する際には，文字サイズ，配色，フォント等に留意すると共に，図や写真等には必ず代替テキストを付けたうえで，テキストファイル，代替テキスト付きのワードファイル，アクセシブル PDF 等のアクセシブルなデータ形式にする。

・アクセシブルなデータは万能ではない。障害の程度や科目の特性に応じて，点字や触図等が必要不可欠なものもある。また，スクリーンリーダーも万能ではなく，数式や英語以外の言語等を正しく読み上げることはできない。このように障害の程度や科目の特性に応じて，データ提供だけでなく，必要な代替措置も検討すること。

・学生が授業に参加できない状況に陥った際に知らせることができるよう，学生から教員への連絡方法を確保すること。

（2）遠隔授業の情報保障：聴覚障害者のために

遠隔授業の情報保障のヒント　聴覚障害編
（「日本聴覚障害学生高等教育支援ネットワーク
（PEPNet-Japan）」提供）

　聴覚障害のある学生が，オンラインで行われる授業に参加する場合，動画や音声コンテンツにアクセスできないという問題が生じる。また，普段はノートテイクなどの支援者を配置している授業でも，これらの支援をオンラインで行わなければいけない状況となる。さらに，日常的には音声を用いてコミュニケーションをとっている学生であっても，オンライン授業の場合，音声が聞き取りづらかったり，話者の口形が見づらいなどの難しさが生じることもあるだろう。こうした困難さを解消するため，以下のようなサポートが不可欠である。なお，以下の内容については，利用方法をわかりやすく解説したマニュアルや動画コンテンツを PEPNet-Japan のホームページで掲載している。

1. 遠隔授業を行う場合（オンライン上でリアルタイムの授業に参加する場合）
　オンライン上で行われる授業に，普段ノートテイク等の支援を利用している聴覚障害学生が参加する場合，これらの支援を遠隔から提供していく体制が必要である。これには，いくつかの方法が利用できる。
　a．遠隔パソコンノートテイク（T-TAC Caption 利用）
　・普段，授業で行っているパソコンノートテイクを遠隔地から実施

する方法である。利用者，支援者がそれぞれ自宅にいる場合でも実施可能。

・利用者，支援者は，それぞれ自身のパソコン等で Zoom や Microsoft Teams 等を利用したオンライン授業に参加する。

・支援者は，ここで話されている音声を聞きながら，T-TAC Caption などの遠隔パソコンノートテイクのためのシステムを用いてパソコンノートテイクを行う。

・利用者は，オンライン授業の画面で講師の映像やスライド等を見ながら，リアルタイムに支援者が入力してくれた字幕を受信する。

・T-TAC Caption は，遠隔地でのパソコンノートテイクを想定して開発されたシステム（開発：筑波技術大学三好茂樹氏）で，大学や小中高などの教育機関，情報保障団体等に無償で公開しているものである。

・入力は Web ブラウザ上で行い（Google Chrome 推奨），オンライン授業で話されている音声を聞きながら，複数の支援者による連係入力を行うことができる。

・また，利用者はパソコン，またはタブレット上で Web ブラウザを開き，字幕を見ることができる。

・パソコンの場合，オンライン授業を受講しているパソコンの画面上で，別ウィンドウを開くことで利用可能だが，タブレットの場合は，字幕表示専用となるため，授業映像はパソコンなど別の端末で見る必要がある。

・T-TAC Caption の利用にあたっては，利用申請が必要である。

5.　放送大学におけるICTを活用した障害者支援と新しいチャレンジ

（1）放送大学の障害学生

　放送大学における障害者の定義は，障害者手帳の有無にかかわらず，「身体に障害を有することにより修学上の特別措置を希望する者」とある。特別措置を望む者は，入学前に学習センターにおいて学長と面談し，どういう支援が必要かを話し合うことになっている。

　また，「障がいに関する学生支援相談室」を設け，障害のある学生に対する公正な教育保障，修学及び学生生活の支援を行うことを目的としている。個別の相談は各学習センターで行い，特に必要がある場合は学習センターを通じて相談室が受けている。

　放送大学の2020年度2学期現在のデータでは，87,053名の在学生のうち，自己申告し，特別措置を希望する障害学生が857名（全体の約1％）在籍している。これは一般大学に比べて約2倍の障害のある学生が在籍していると思われる。

　障害の内訳としては，視覚障害199名，聴覚障害53名，肢体不自由295名，病弱84名，発達障害123名，精神障害188名，その他41名であるが，障害が複数ある学生もいるので，障害別学生数の合計が上述した障害学生数と一致しているわけではない。また，障害を申告しない学生も多く，視力や聴力，移動等に問題のある高齢の学生を含めれば，支援が必要な学生数は数倍に及ぶと思われる。

（2）放送大学における障害学生へのICTを活用した支援

　まず，放送大学での障害者支援を，とりわけ情報技術との関連で見ていきたい。放送大学では設立当初からのTV授業，ラジオ授業という従

来型の放送メディアによる配信に加えて，近年，インターネットでTV授業やラジオ授業をオンデマンド方式で視聴できるようになった。TV授業，ラジオ授業は，一般の視聴者も享受することができるが，インターネット配信授業のサイトにはIDを持つ在学生のみが入ることが可能である。

こうした遠隔教育の手法は障害のある学生にとって有益であり，障害学生のニーズに合わせて教材や教授法を改良し工夫することは，新しいICTの可能性を広げるチャンスでもあり，結果的に他の多くの学生が恩恵を受けることにもつながるだろう。

①字幕付与

映像に付与される字幕は，聴覚障害と発達障害の学生のみならず，高齢の学生にも有益で，多方面からの要望も高い。

TV授業の字幕付与率は，2020年度第1学期時点で，TV授業科目数159科目のうち119科目であり，付与率は74.8%である。また，2021年度第1学期時点では，TV授業科目数170科目のうち127科目，付与率は74.7%である。2016年のTV授業の字幕付与率が49.4%であったことを考えると，着実に増加していることがわかる。今後数年後には，字幕付与率100%の日も来るに違いない。字幕付与されたTV授業はインターネットで視聴することができる。

2015年からは，インターネット配信のラジオ番組への字幕と静止画の付与が実験的に開始されている。また，正式な字幕として，2018年度より，聴覚障害者の各種団体に調査してきたものを基に，希望の多い順に毎年6科目程度の授業に字幕付与をしている。

②Web 活用

放送大学の Web サイトは，障害者への配慮に努めている。スクリーンリーダー向けの特設サイトは，表などの読み上げソフトが読みにくい部分を読みやすい形にして掲載しており，授業時間割や，試験時間割，点字化された科目の一覧等，視覚障害者にとって重要度の高い情報をアップしている。

また，ボランティアによって点訳された印刷教材の科目名リストも掲載されている。放送大学にとって Web サイトのアクセシビリティの向上は継続的に発展させていかなければならない重要な課題である。

③印刷教材のテキストデータの配布

印刷教材は，視覚等に困難がある学生の要望があれば，学習センターを通して，デジタルデータで配布するシステムを構築している。履修科目の印刷教材テキストデータも CD-R で自宅に送付される。

また，大学教員のための ICT 活用ヒント集を作り，障害者への対応も含めた，授業改善のためのビデオ集や Q&A が用意されている。

放送大学の障害者支援が充実し進化することは，放送大学の学生のみが恩恵を受けるにとどまらず，放送大学と単位互換をしている全国の400近い大学に学ぶ多くの学生にとっても有益である。多くの大学が放送大学と単位互換協定を結ぶことで，障害のある学生は字幕付き講義映像や印刷教材のテキストデータ等，アクセシブルな学習環境の中で多くの教養科目を履修することができる。各大学は，その大学ならではの専門的な授業に対して障害者支援に係わる財源や人的リソースを投入し，質の高いサポートを実現していくことができるであろう。

6. まとめ

　障害者差別解消法の施行を受けて，日本の高等教育の現場では，合理的配慮の提供が当たり前のことになりつつある。教育機関の規模，学生数，学習科目，予算などは多様であり，配慮の内容もさまざまである。その中でICTを活用することで，障害ゆえに従来立ちはだかっていた障壁を取り除くことが可能になってきている。それには技術のみに頼るだけではなく，障害のある学生の立場に対する想像力こそが大切である。

　2020年，世界を襲ったコロナ禍の中で，多くの高等教育機関はオンラインによる授業に移行を図ろうとした。例えば大学では，大学のインターネット環境，教職員，学生のICT環境やスキルにおいて，対応は混迷を極め，質・量において，機関によって大きな差が生じたのも事実である。一般学生への対応さえままならない中，障害のある学生に対する配慮や支援については，数々の混乱があったのではないだろうか。この先，検証されなければならない。

　障害者への差別を解消するためのICT活用による「柔軟でフレキシブルな学びの方法」は，コロナ禍という困難を経験し，オンライン学習の支援の在り方も練り上げていかなくてはならない。こうした試みの一つひとつが，障害者というマイノリティへの支援にとどまらず，高齢者，留学生，また通信制の学生など，多様な学習方法を求める者にとっても有益であることを忘れてはならない。

出典・参考文献

・放送大学大学教員のためのICT活用ヒント集（ビデオクリップ集）
https：//fd.code.ouj.ac.jp/tips/video（2021.9.15取得）
・文部科学省資料「障がいのある学生の修学支援に関する検討会報告（第二次まとめ）について」2017（平成29）年4月
https：//www.mext.go.jp/b_menu/shingi/chousa/koutou/074/gaiyou/1384405.htm（2021.9.15取得）
・日本学生支援機構「令和元年度（2019年度）大学，短期大学及び高等専門学校における障害のある学生の修学支援に関する実態調査結果報告書」（令和2（2020）年3月）
https：//www.jasso.go.jp/statistics/gakusei_shogai_syugaku/__icsFiles/afieldfile/2021/02/09/report2019_0401.pdf（2021.9.15取得）
・視覚障がい者のための放送大学ホームページ情報（特設サイト）
https：//www.ouj.ac.jp/hp/barrier_free/（2021.9.15取得）＊2021年末に放送大学ホームページ改修予定

＊＊＊＊＊＊＊＊＊＊＊＊＊＊＊＊＊＊＊＊＊＊＊＊＊＊＊＊＊＊＊＊＊＊＊＊

高等教育の障害者支援に関わるネットワーク

　高等教育の障害学生支援は，各大学等によって温度差がある。日本全体の障害学生支援のスタンダードを引き揚げ，また発展させるために，各大学等における資源やノウハウを結集させるためのネットワーク形成（連携・協働基盤の構築）が不可欠である。

1）　全国高等教育障害学生支援協議会（AHEAD JAPAN）
　高等教育機関における障害学生支援に関する相互の連携・協力体制を確保するとともに，実践交流を促し，障害学生支援に関する調査・研究及び研修・啓発を行って実務への還元を図り，もって大学における障害学生支援の充実並びに学術研究の

発展に寄与することを目的とする事業を行っている。
⑴大学における障害学生支援に関する実践・研究集会の開催
⑵大学間の障害学生支援に関する連携・協力・研修事業
⑶大学における障害学生支援に関する国内国外の資料及び情報の収集・提供
⑷大学における障害学生支援に関する調査・研究
⑸大学における障害学生支援に関する機関誌，書籍，報告書等の刊行
⑹その他この法人の目的を達成するために必要な事業
　https : //ahead-japan.org/（2021. 9. 15取得）

2）　京都大学高等教育アクセシビリティプラットフォーム（HEAP）
　京都大学高等教育アクセシビリティプラットフォーム＝HEAP（Higher Education Accessibility Platform）では，大学における障害学生支援の資源やノウハウを結集させるためのネットワーク形成（連携・協働基盤の構築）のきっかけ作りをさまざまな場面・地域において実行している。さらに，それぞれの取り組みをモデル化して活用しやすいようにアーカイブし，それらを発信・展開している。
　https : //www.gssc.kyoto-u.ac.jp/platform/index.html（2021. 9. 15取得）

3）　日本聴覚障害学生高等教育支援ネットワーク（PEPNet-Japan）
　全国の高等教育機関で学ぶ聴覚障害学生の支援のために立ち上げられたネットワークで，事務局が置かれている筑波技術大学をはじめ全国の大学・機関の協力により運営されている。高等教育支援に必要なマテリアルの開発や講義保障者の養成プログラム開発，シンポジウムの開催などを通して，聴覚障害学生支援体制の確立および全国的な支援ネットワークの形成を目指している。
　http : //www.pepnet-j.org/web/（2021. 9. 15取得）
　ここでは，PEPNet-Japan のオンライン授業で使える支援方法コンテンツをご紹介している。
　http : //www.pepnet-j.org/web/modules/tinyd1/index.php?id=393
　　　　　　　　　　　　　　　　　　　　　　　　　　　　（2021. 9. 15取得）

15 | 開放型授業と MOOC

苑　復傑

《目標＆ポイント》 ICT，特にインターネットの普及と高度化は，大学を基礎としながら，大学の枠を越えて教育機会をさまざまな形で提供することを可能にした。すなわち，①大学におけるインターネットを用いた授業，②大学の授業や教材の，インターネットを用いた大学外への公開（OCW），そして，③それをさらに組織化したものとしてのムーク（MOOC）である。
《キーワード》 情報通信技術，ICT，SNS，OCW，MOOC，ICT の開放機能

　ICT 活用のもう一つの側面として，ICT を利用することによって，これまでの個別大学の枠を越えて教育機会を提供することを可能とする。この章ではインターネットの活用が，大学と授業，そして，それが学生との間の関係にどのような変化をもたらすかを整理し（第1節），その具体的な形態として大学におけるインターネットを用いた授業（第2節），授業や教材の大学外への公開（第3節），そしてその発展としての大規模オープン・オンライン・コース（MOOC）について述べ（第4節），最後に MOOC の可能性と課題を考える（第5節）。

1. 大学におけるインターネット利用の意味

　高等教育における ICT の活用はインターネットの活用によって，これまでにない世界を開いた。それは単に技術的な可能性だけでなく，授業の送り手と，受け手との関係に，新しい在り方をもたらす可能性を持っている。

　それを理解するために，授業と学生との関係を立ち入って考えてみよう。そこには３つの重要な要素がある。すなわち，（１）授業に学生が接する物理的な「場」，（２）学生が所属し，学生と授業とを結びつける「組織」，そして，（３）授業の費用を回収し，学習の成果を認証する「負担・認証」メカニズムである。これらの３つの要素が組み合わさって大学教育が成り立つのである。

　こうした観点から大学教育の在り方を図示した（図15-1）。

(1)　従来の大学では，学生は大学のキャンパスの中の教室という場の中で授業を受ける。いわゆる授業は対面的なものとなる。また，学生は大学という組織に帰属し，そのカリキュラムに従って授業を受ける。授業の対価として学生が授業料を支払い，一定の学習を積んで学位という形で，一定の教育経験を受けたことを認証される。

(2)　放送・インターネット大学では，放送媒体ないしインターネットによって授業が配信され，授業の場に学生は疑似的に参加する。対面性の欠如を補うためにいくつかの方法がある。放送大学では授業の視聴は公開されるが，学位資格を必要とする学生は，大学に所属する。一定の授業料を支払い，単位・学位を受ける点では，従来の大学と異ならない。

　これに対して，インターネットを利用して，さらに異なる関係が可能となった。これを「開放型」授業と呼んでおこう。

(3a)　オンラインコース。一般の大学が一定の授業をオンラインを使って配信する。それは所属学生に向けての授業の一部である場合もあるが，通学できない社会人学生などを対象としてインターネットによる

特定課程を設定する場合もある。この場合にも授業料を徴収して，何らかの履修証明書ないし学位を与える。

(3b)　オープン・コース・ウェア（Open Course Ware − OCW）。一般の大学（図のA大学）が授業ないし教材の一部をオンラインで制作・入手可能とし，他大学（B大学）がこれを用いて，自大学の授業に用いる。A大学が提供する授業ないし教材は，全く無料で公開する場合もあるが，課金する場合もある。B大学での教育は従前の大学と異ならない。

(3c)　大規模オープン・オンライン・コース（Massive Open Online Courses − MOOC）。特に先進的な教育・研究を行っている大学が，一部の授業をオンラインで公開する。他大学の学生ないし社会人が自由にこれを受けることができる。あるいは一定の組織（「配信・認証組織」）を介在させ，受講に一定の料金を必要とし，また学習成果に何らかの認証を行う形態もある。この組織は営利企業もあり得るし，非営利の自主団体もあり得る。

以下ではこの開放型授業について，それぞれ具体的な例を見る。

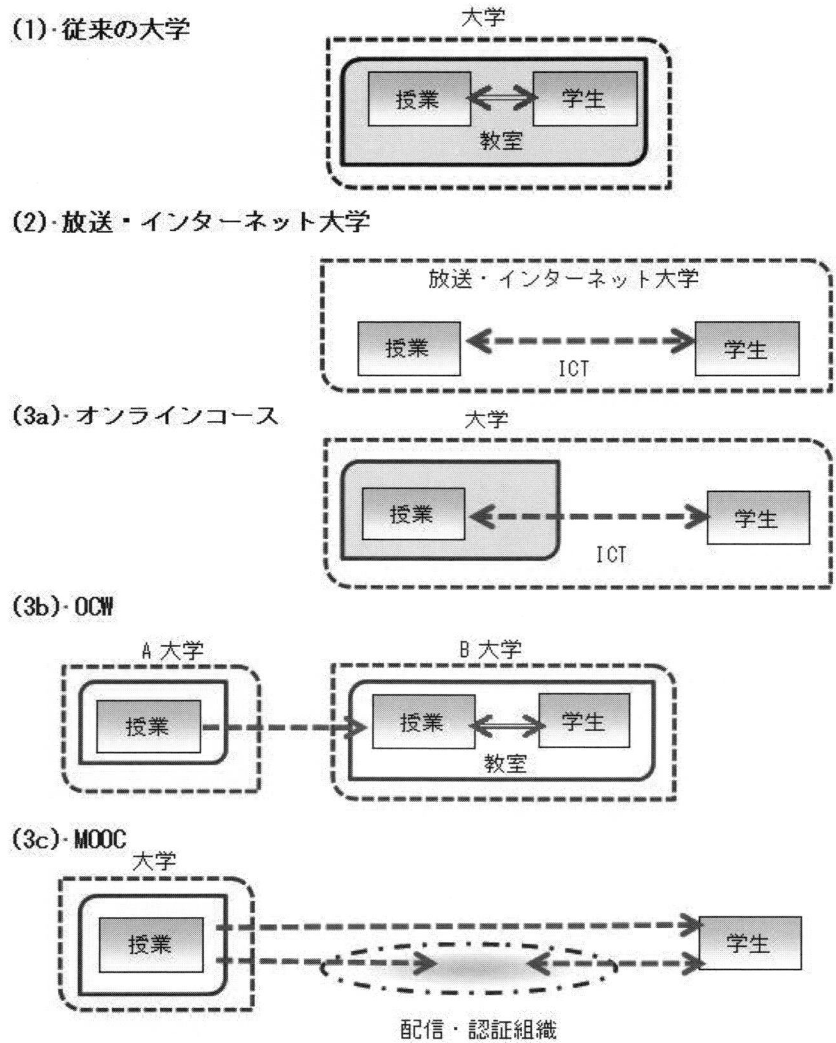

図15-1　遠隔授業の類型

（出典：筆者作成）

2．オンラインコース

　高等教育における ICT 活用での大きく拡大しつつある形態は，インターネットを用いた授業の配信である。これには，①既存の大学が授業の一部をインターネットで配信する場合，さらに，②教育課程の一部あるいは全部をインターネット授業によって行う場合がある。

（1）スタンフォード大学の職業人コース

　開放型授業が，大学外の職業人の教育に用いられる例として，アメリカのスタンフォード大学の，工学分野での産学連携教育プログラム（Honors Cooperative Program – HCP）の例を見てみよう。

　スタンフォード大学工学部にはもともと，工学部における教育を社会に開放することを目的として，「職業能力開発センター」（Stanford Center for Professional Development – SCPD）が1995年に設置されている。その大きな特徴は，それ自身が企業からの参加を募り，経営的にも独立性の高い組織であるということである。各企業はこのセンターの会員になることによって，工学部の授業を利用し，従業員教育を行うことができる。加盟企業は，シリコンバレーに集中するハイテク企業など約200社である。会員企業は入会金を支払うが，教育サービスを受けるときにさらに課金がある。

　職業能力開発センターは，工学部における授業を，ビデオ，インターネットなどで，会員企業に提供してきた。その対象となっている専門学科は，2021年現在，フルオンライン・プログラムでは化学工学，コンピュータ科学，電子工学，管理工学があり，ハイブリッド・プログラムの場合は，宇宙工学，公衆環境工学，機械工学，材料工学などがある。これらの領域の学問を企業内で従業員を組織して履修させるため，従業員

教育の一定のコースの一部として用い，独自の資格につなげる場合が多い。また，大学側に授業の作成を依頼し，これを従業員教育として用いることもある。

　この教育プログラムの履修の仕方にはおよそ３つの種類がある。第１の最もゆるい就学の形態は，聴講生としての登録である。この場合には授業を受講し，それに伴う活動に参加することはできるが，試験を受ける必要はなく，また単位を得ることもない。第２は，部分履修（Non-Degree Option）であって，一定の授業を履修して単位を得る。こうして獲得した単位も一定数までは，正規の資格・学位の必要単位に加算することもできる。また，一定の科目モジュールを履修し，その履修証明書（Certificate）に至るコースもある。第３は，正規の修士に至る課程である。近年，修士号が授与できる専門領域が拡大してきているが，フルオンラインでプログラムを提供してるのは，化学工学，コンピュータ科学，電子工学，管理工学の４つの領域に限られている。

　使われているICTの形態は，ビデオ・ストリーミングおよびZoom，Panoptoなどのソフト，また，SNSおよびアイチューンズユー（iTunes U），フェイスブック（Facebook），ツイッター（Twitter），などである。インターネットで提供しているビデオは，授業を単に収録したものではなく，これに編集を加えており，画面では常に講義内容を整理した目次が現れている。これを操作することによって，前の部分に戻ったり，効率的に授業の各部分を再確認することができる。また，授業に使用した教材なども，効率的に検索し，画面に引き出すことができる。

　またソーシャル・ネットワーキング・サービス（Social Networking Service － SNS）を用いて，双方向のグループ学習も可能にしている。このほか，インターネット会議システムを用いてセミナーを開いたり，学生が教員に電子メールを用いて質問，討論を行ったりすることは言う

までもない。これらが最も厳密な意味での，ICT活用による双方向的なオンライン形態と言える。

　このような事例はICT活用が，伝統的な大学教育の手軽な代替物ではあり得ない，ということを明確に示している。それは大学の授業を職業人に開放するうえでの，長年の経験と蓄積のうえに則ったものであって，最近のICTの発達のみによって可能となったものではない。しかも，そうした蓄積は，単に技術的なノウハウのみにあるのではなくて，大学の内部の組織と，それを中心とする企業を含めたネットワークの形成が必要なのである。

　アメリカ大学の事例から見ると，ICT利用には組織的な支援，そして大学教育のシステム化とそれへの組み込み，といった点が重要であり，それこそが多大の費用とエネルギーを必要とするところである。

　以上のスタンフォード大学のオンライン修士課程の事例が示したことは，既成の大学院教育を代替するものというよりは，職業人という新しい対象に向けての，新しい教育技術と学習形態による，一つの新しい形態の大学教育であると言えよう。このような新しい形態の大学教育の可能性は前述のように，単にICTの応用を意味するのではない。その基盤となる，組織やソフトウェアの確立こそが重要である。

（2）日本でのインターネット利用授業

　日本でもインターネットを利用した授業を配信する大学の数は2000年代に入って飛躍的に増加している（図15-2）。国立大学では2006年の3割弱から2017年には半数以上の大学がそうした試みを行うようになっている。また，公立，私立大学でも，4割から5割の大学で実践が見られる。こうした形で，少なくとも一部の授業を配信することは既に一般化していると言ってよい。

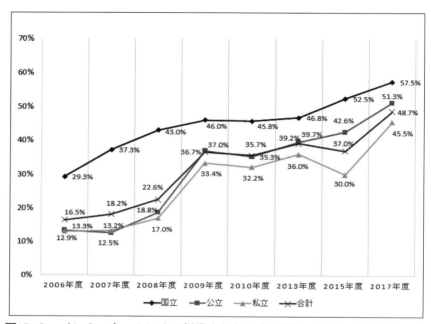

図15-2　インターネットによる授業を行う大学の割合（2006〜2017年）
（出典：AXIES 大学 ICT 推進協議会『2017年度 ICT の利活用調査』（第 2 版）
令和 2 年（機関調査）各年から，p. 32）

　しかし，2020年のコロナ禍の中で，日本のほぼすべての大学が否応な
しに一気にインターネットで授業を行うこととなった。リアルタイムで
授業を行うために，テレビ会議システムの利用は不可欠で，Zoom をは
じめ，Teams などが，短期間で，利用普及した。まだ不慣れなど，い
ろいろと問題点があるが，講義資料のアップ，授業での議論，課題提
出，テストや試験まで，インターネットを経由して行われた。教職員，
学生への研修，Wi-fi 環境の整備，パソコン，タブレットの供給など，
さまざまな課題があったが，リアルタイム，オンデマンド，ハイブリッ

ド形態で授業を展開した。資料や課題の Web へのアップ，SNS による討論，そして最終試験や論文審査を含め，インターネットで行い，キャンパスが閉鎖された中，学生が通学しなくても卒業・修了が可能となっている。

　遠隔授業がこのように速やかに導入できたことは，日本の大学が ICT を利用する基盤が既にかなり準備されてきていることを示している。ICT 活用を先導してきた事例として，東北大学の実践を見てみよう。

　東北大学インターネットスクール ISTU（Internet School of Tohoku University – ISTU）は，大学院の全研究科においてインターネットによる授業配信を行うシステムである。2002年に工学研究科でこうした形の授業が始まった。対象となるのは，通常の大学院生であり，あくまでも授業形態の一つとして，インターネット授業を拡大し，通学などの面での負担を軽減しようとするところにある。2021年からシステムの改修を行っており，災害の発生に備え，クラウドの利用を試みている。

　日本では，社会人を対象とした専門教育は必ずしも多くない。ICT 活用調査ではインターネットを使っている授業の対象について聞いているが，その結果によれば，ほぼ95％以上が，自大学の学生となっている。言い換えれば，学外者や社会人を対象とした開放型のインターネット利用は３割程度に過ぎなかった。[1]

　早稲田大学の人間科学部では，通信教育課程として「ｅスクール」を2003年に設置している。人間環境科学，健康福祉科学，人間情報科学の３つのプログラムがあり，2020年現在まで1,600人の卒業生を送り出している。この課程は主に成人を対象として，インターネットで授業を行うだけでなく，テストやレポートも行う。独自の入学者選抜を行い，修了者には通信課程として学位を発行するとともに，一定の条件を備えた学生については，試験を行った上で，人間科学部への転入も認める。

1　『2017年度 ICT 活用調査』，事務局回答，p. 15

「eスクール」の場合は先端的な知識の公開というよりは，むしろ第11章で述べたインターネット大学の例に近いと言えよう。

　前にスタンフォード大学の例で見たように，特定の専門領域で，先端的な教育を職業人に対して開放する，という形態でのインターネット活用は，日本ではまだこれからの課題となっている。

3. 公開授業教材

　インターネット活用の第2の形態は高水準の授業，教材の，大学外に対する配信である。これについてアメリカだけでなく，世界の高等教育に対しても大きな影響を与えてきたのが，アメリカのマサチューセッツ工科大学（Massachusetts Institute of Technology － MIT）が2000年前後に主導して始まった「オープン・コース・ウェア」（Open Course Ware － OCW）の試みであった。

（1）インターネット環境の発展

　ワールド・ワイド・ウェブを基礎とする情報通信技術は，21世紀に入って，さらに新しい段階に入った。

　第1は，Webサイトに関する情報検索を行われるポータルサイトの拡大である。ヤフー（Yahoo）やグーグル（Google）などのポータルサイトは既に1990年代後半から活動を始めていたが，これが2000年代に入って，さらにさまざまな情報検索，サービスの提供を始めた。

　第2は，新しい形での知識蓄積のプラットフォームが出現したことである。例えば，電子百科事典としてのウィキペディア（Wikipedia）が2001年に設置された。これは従来の百科事典としての情報の検索，解説の機能を持つものであるが，他方でその購読は無料であり，執筆もボランティアが行う。また，2004年に創設されユーチューブ（YouTube）は

動画の投稿を集積し，それを無料で公開するサービスとして急速に拡大した。いずれにしても膨大な情報が無料で公開され，しかもそれが，一般人から提供される，言わば情報のネットワークを形成したと言える。

　第3は，個人からの情報発信と，社会ネットワークである。Web を利用して個人が情報を発信する，ブログ（blog）は2000年代初めから活発になったが，その機能をさらに高度化したツイッター（Twitter）は2007年から始まり，急速に参加者を増やした。同時に個人間の情報の共有，電話・ビデオ通信，ネットワークの形成が行われるソーシャル・ネットワーキング・サービス（Social Networking Service – SNS）と呼ばれるプラットフォームも急速に拡大した。2003年に専門家のネットワークであるリンクトイン（LinkedIn）が設置された。さらに2006年にはフェイスブック（Facebook），2009年にワッツアップ（WhatsApp），2011年にウィーチャット（WeChat），ライン（LINE）などが開発され，加入者が爆発的に拡大して今日に至っている。

（2）公開授業・教材（オープン・コース・ウェアー OCW）

　こうした背景から，大学の授業や教材を公開する動きが21世紀に入って本格化した。これは学校教育一般についても当てはまることであり，学校の教材をオンラインのデータベースから配信する「公開授業・教材」（Open Education Resources – OER）と呼ばれる運動が，さまざまな形をとって進められている。

　その中で最も大きな影響を与えたのが，2002年にマサチューセッツ工科大学（MIT）が始めた「公開授業教材」（Open Course Ware – OCW）プロジェクトである。このプロジェクトは MIT の授業科目リスト（カタログ）の全部を公開し，それぞれの授業についてその概要，教員の講義ノート，学生に与える課題，テスト問題などを公開することを目的と

するものであった。さらに一部の授業については，授業の映像をビデオ化し，それを随時視聴可能のストリーミングビデオとして Web で公開するようになった。

　これは MIT の学生だけでなく，学外の学生が用いることもできるし，またほかの大学における授業で利用することもできる。配信のためのプログラムには，独自に開発したもののほか，既設のものも使われ，授業のビデオ配信には前述のユーチューブ（YouTube）のフォーマットも用いられている。配信のためのプログラム，設備などへの投資についてはヒューレット財団，メロン財団のほか，大学自身も支出した。

　具体的には MIT の 6 つの学部の生物学，物理学，数学，経済学，語学，歴史学など2,500コースの授業風景，2,000時間のビデオが MIT のホームページに掲載されている。2008年にオーディオやビデオで作られた教材をユーチューブ，アイチューンズユー（iTunes U）などでの受信を可能にし，2011年にスマートフォンなどの移動端末からのアクセスもできるようにした。また，スペイン語，ポルトガル語，中国語，タイ語，ペルシャ語，日本語，韓国語，ベトナム語などの言語に翻訳されている。世界各地からの OCW へのアクセス者数は2020年まで13億人に達した。

　アクセス者の居住地域については，北アメリカ32％，南アメリカ6 ％，アジア15％，ヨーロッパ17％，インド20％，アフリカ3 ％と分布している。利用者の中に教員は約 5 ％，学生は50％，職業人は15％，独学者は30％を占めている。この OCW の思想に賛同し，OCW コンソーシアムに参加している組織は数百を超え，OCW の傘下の Open Education GLOBAL グループに東京大学，京都大学，名古屋大学，放送大学などの名前が並ぶ。

　2006年当時の工学部部長であった Dick Yue は OCW の目的を「MIT

の知名度をさらにあげて，世界の学術知に貢献するという総意の下で，実行した」と言う。

OCWは学位または資格，単位を授与しない。また，利用者はMITの教員にアクセスできない。提供している資料はコースの内容のすべてを反映していないと明記している。

OCWプロジェクトの運用には膨大な財源が必要であった。目標とする2,000のコースの制作およびインターネットへの掲載費用は8,500万ドルが必要だと当初から試算された。この事業がスタートする2002年7月にアンドリュー・W．メロン財団とウイリアム＆フローラ・ヒューレット財団に支援され，総額1,100万ドルの寄付金を受けた。それに加え，連邦政府の資金支援，MITの自己資金などの投入によって，10年間かけて，コースウェアを作り，また常に新しい技術，新しいシステムやアプリ，移動端末を採用してきた。

（3）日本の公開教材

上記のMITを中心とする運動は全米に広がり，その後，多数の大学が参加した。また，国際的にも参加する大学が増加し，国際コンソーシアムも結成された。日本では2005年から，いくつかの主要大学が一部の授業のインターネット配信を始めている。また，2006年には日本オープン・コースウェア・コンソーシアム（JOCW）が結成されている。日本オープン・コースウェア・コンソーシアムに加盟する大学・組織は2015年では，23大学，12機関であったが，その後，JOCWの名称を新しくして，オープン・エデュケーション・ジャパン（Open Education Japan）として，国際的なオープン・エデュケーション普及団体（Open Education Global）とも連携しつつ，世界的なオープン・エデュケーションの活動に参画し，国内に向けた情報提供を行っている。

　加盟大学はそれぞれ独自のフォーマットあるいはユーチューブなどを使って，一般の授業や，公開講座などを配信している。

　東京大学の公開教育資源を見てみると，大別して，4種類がある。①「東大TV」（UTokyo TV）。東京大学で開催された多彩な公開講座や講演会を動画で社会に届けるWebサイトである。会員登録も費用も不要で，誰でも視聴できる。②「学術俯瞰講義」。2005年冬学期から創設された1，2年生向けの講義である。知の大きな体系や構造をより広い視点から見ることにより，それぞれの学問領域の全体像を俯瞰的な視点から解説することによって，学生に学問の全体像を提示する。③「UTokyo OCW」。東京大学の正規講義の資料や映像を一般に無償で公開するWebサイトである。④「UTokyo-eTEXT」。テキストや講義資料を同時に操作しながら講義内容を学ぶ電子教科書システムであり，さらにそれを補う参考資料や関連情報にアクセスし学習することができる。

　このほか東京工業大学では2021年現在，5,047の講義ノート，40の授業関連ビデオ・音声ファイル，放送大学においても，300科目の4,500回授業のうち，150回分の授業を公開している。

　これらの活動は，大学内での学術資源，知的資源を，広く社会に対して公開し，共有化する点で大きな意味を持っていることは言うまでもない。これはICT利用の開放機能に当たる。ただしそれは多くの場合，一方的な情報の提供であって，ICTの遠隔性，再現性という特性を活かしたものであるが，双方向性を持つものではないことに留意する必要がある。

4. 大規模公開オンライン授業（MOOC）

　上記の公開授業教材の運動をさらに発展させたのが「大規模公開オンライン授業」（Massive Open Online Courses － MOOC）という形態で

ある。

（1）MOOCの登場

　大規模公開オンライン授業は単独のプログラムではなく，期せずして2010年代に登場してきた，さまざまな試みの総称である。その基本的な特徴は，オンラインによる配信に，一定の認証・課金組織が介在している点にある。

　第1に，最も基本的な特徴は，上述のOCWが基本的には，教材資料あるいは授業のビデオの配信，といった形で授業の送り手の側での公開であったのに対して，MOOCはそれに加えて，学生の授業への何らかの形での参加，学習成果の確認のためのさまざまな工夫を取り入れ，それを組織化している。この意味でOCWをさらに教育的に発展させたものと言うことができる。

　第2に，内容となる授業が，配信の対象が多数となることを初めから見込んでいる点である。OCWが基本的には大学で行われている授業を公開する，という姿勢であったのと比べれば，MOOCがさらに学外，そして世界への公開，という視点が明確である。また配信の対象となるのは，情報技術関連など，オンライン形態での公開に学生が集まりやすい傾向がある学問分野を中心としている。

　第3に，個人のイニシアティブが大きな役割を占めている。また一部は営利企業によって運営され，何らかの形でコストを回収することを将来は目指しているところが多い。

　以上のような意味で，MOOCはインターネット利用の大学教育が，さらに形を変えて大規模化する可能性を示している。ただし，その内容・形態は多様である。以下では，いくつかの事例についてその内容を概観する。

●エデックス（edX）

　MIT およびハーバード大学において2012年に発足したプログラムである。両大学はそれぞれ3,000万ドル（約30億円）を出資した。これまでのところ内容としては，情報技術関連のものが多いが，2021年では，コンピュータ科学，データ・サイエンス，エンジニアリング，ビジネス，デザインプログラムなどがある。従来の OCW に比べて，学生の反応を織り込む形の授業ができるように工夫されている。MIT あるいはハーバード大学の在学生が利用するだけでなく，世界中の学生が聴講し，参加することが目指されている。ただし MIT，ハーバード大学の学生の正規の修得単位としては認定されないが，少額の課金をとって，履修証明を発行することを可能にしている。2021年現在は，160の大学と連携して，3,341コースを提供しており，2016年からは修士学位プログラム，2020年からは学士学位プログラムを開始した（図15-3）。

図15-3　edX の Web サイト

（出典：https：//www.edx.org/：2021.10.9取得）

●ユダシティ（Udacity）

　2012年に，スタンフォード大学の数人の情報科学を専門とする教員が中心となって設立した営利企業である。スタンフォード大学で行った公開授業を基に，情報関係の授業を集めて配信している。数件のベンチャーキャピタルからの出資を受けている。2021年時点の学習リソースは，「個人のキャリアのため」，「企業のため」，「政府のため」と設計されており，７つのスクールからコンテンツを配信している。

●コーセラ（Coursera）

　同じくスタンフォード大学に所属する２人の情報科学の教員が2012年に設置した営利企業である。その中心となったのはやはり情報科学分野の授業であったが，その後，授業の対象領域を拡大し，人文科学，社会科学，医学，生物学などをカバーし，2021年で5,100講義にのぼるという。また公開する授業もスタンフォード大学だけでなく，他のアメリカの大学，あるいはアメリカ以外の大学での授業も含んでいる。加盟している大学と企業は200以上であり，参加している学習者の数は2021年現在，既に7,700万人に達するという。いまのところ，25の学位プログラムと40の資格プログラムを提供している。その Web ページにアクセスすると，日本語に翻訳されているページが提示される。

　コーセラの特徴は，独自の学習観を背景に学生の達成度評価に工夫を行っている点である。従来型のインターネット大学のように，ペーパーの提出，一定の監視装置を用いた試験を用いることも考慮されている。また，プラットフォームのソフトウェアを通じて小テストなどを行い，極めて大量の回答を，さまざまな角度から採点するソフトウェアを開発したと称している。さらに授業の参加者の間で，一つの仮想コミュニティーを形成し，授業での質問などがあった場合には，仮想コミュニティ

Courseraで目標を達成する
図15-4　コーセラの Web サイト
（出典：https://www.coursera.org/（2021.4.15取得））

ーに提出し，他の学生がその質問に回答する，といった方法も用いている。こうした方法は，従来型の試験によるよりも，学生間の協力による学習によって一定の知識を修得する，という点で学習理論の上からも優れていると主張している。

　同時にコーセラの授業は，現在，25の有料の学位プログラムとして配信されており，また，大学の授業の一部として認定する大学もいくつか出現している。この場合は，大学がコーセラに一定の対価を支払う。また個別の学生にコーセラが一定の課金をとって授業の履修証明を与えることも行われている。コーセラはそれが大学の学習単位と同等の認定を受けているとしているが，これを実際に履修単位として認めるか否かは，既設大学の利用方針によることになる。

（2）大学の反応

　このような可能性を持つことから，MOOCについてはアメリカの高等教育関係者の間で大きな関心を呼んでいる。既にMOOCの授業を提供する，あるいは配信授業を利用する大学も増えてきている。

　2013年に行われた大学経営者に対する調査によれば，いずれかのMOOCに何らかの形で既に参加している大学が26%，計画中が9%，全く計画もないものが33%，残り55%が未決定，という結果であった。

　ただし，他方でオンライン教育自体については，教員が不信感を持っていることも事実である。MOOCによって大学に混乱が生じると答えた大学は55%に上った。オンライン教育の普及について，教員の抵抗が非常に大きな障害であると答えた回答が26%，障害と答えた回答が41%，ある程度の障害を入れると，ほぼ9割に達した。

　以上のように，アメリカの大学はMOOCの試みそのものに関しては，大きなポテンシャルがあるものと考えられているものの，それが大学教育全体を変える，という点に関しては教員の疑念は極めて強い。これについて，新しい可能性に対して，大学教員が自らの偏見あるいは，利害から不信感を持っているという議論もあり得る。

（3）日本でのMOOC

　以上のようなMOOCの展開に呼応して，日本の大学でもMOOCに参加する機関が出てきた。東京大学は2013年からコーセラに参加，2014年からエデックスに参加している。2021年4月現在，全17コース（コーセラ7コース，エデックス10コース）を配信し，登録者数は世界201の国・地域から累計57万人に達した。ほかにコーセラやエデックスには京大，阪大，東工大なども参加している。

　他方で日本においては，2013年に，一般社団法人日本オープン・オン

ライン教育推進協議会（略称JMOOC）が結成された。これは，60の日本の大学と企業によって組織されている。JMOOCはドコモ社のgac-com，ネットラーニング社のOpenLearning. Japan，放送大学のOU-JMOOC，Plat JaMの4つのプラットフォームから構成されている。日本独自の配信・認証組織として運営されており，JMOOCのWebサイトによれば，2021年4月現在430講座を配信しており，登録者は120万人に及ぶという。[2]

　具体的な教育方法は以下のようになっている。①特定の科目に登録すると，一週間を単位として，講義（10分程度）が5本から10本配信される。それぞれに小テストがあって，それに答える。②「一カ月コース」ではこれを4回行う。③最後に提示された総合課題に対してレポートを提出し，一定条件を満たしている場合には終了証が与えられる。

　授業はオンラインで行われ，講師へのフィードバックは小テスト，総合課題を通じて行われる。そのほかに「相互採点」と称して，受講者同志で小テストなどの相互評価を行う。また「ミートアップ」という学生同士の会合が行われることもある。さらに教員，学生が参加する「対面学習」に有料で参加することもできる。

5．MOOCの可能性と問題点

（1）可能性

　以上に述べたOCWあるいはMOOCの運動は，大学教育の在り方に大きな影響を与える可能性がある。

　特にMOOCは，従来型の大学を補完する，あるいは代替する，といった域を越えて，新しい大学教育の在り方を作る可能性さえあると考えられる。

　第1に，個々の大学の授業は，授業の設計，教え方，教材の使い方な

2　https：//www.jmooc.jp/：2021. 4. 15取得

ど，担当の教員の力量に負うところが少なくない。これまでの大学では，学生に授業科目については一定の教員をいわば強制してきたわけであるが，MOOCのような技術を用いればそうした制約に縛られる必要がなくなる。

振り返ってみれば，日本の進学予備校では，特に優れた教え方をする「スター講師」が高給で優遇され，その授業が衛星などを使って配信されている例がある。予備校は効率性によって行動しているわけであるから，それは講師の個人的な力量が大きな差異をもたらすことを示しているのであろう。そうした点を考えれば，教員の選択を含めた授業の選択が可能となること自体が大きな意味を持っている。

第2に，これまでICTを用いた授業については，教員と学生の対面性がないことによる教育効果の欠如，試験を厳格に行えないために，修了者の達成度を厳格に評価できないことが決定的な欠点であることが指摘されてきた。

しかし上述のように，最近のMOOCは独自の学習理論と呼ぶものに基づいて，こうした点を克服する手段をさまざまに講じている。特に学習参加者の間での，電子的なネットワークが，集団による学習の一つの形態をなす，という議論には一定の説得性があることは事実である。またレポートに対してコメントを返す，といった作業も，対面授業でも必ずしも十分に行われているわけではない。ソフトウェアによるものであっても，必要なコメントを返すことができれば，そのほうがよりよい学習につながる，という考え方も可能である。

第3に，以上のようなことが可能であれば，理論上は一つの授業によって数千人，数万人の学生に一定の内容の教育を行うことが可能となる。適当な課金の制度を設ければ，このような授業を組み合わせることによって，国際的な規模の大学を形成することも不可能ではない。少な

くとも従来型の大学が，一定の科目については，こうしたプログラムを利用することによって，大学全体としてのコストを下げることも可能となるだろう。

　そうすれば，MOOCは営利事業としても十分に成り立ち得ることになる。既にベンチャーキャピタルが出資を行っていることは，そうした可能性が現実のものとして捉えられていることを示している。

（2）問題点

　しかしMOOCの出現とそれに対する経営側と教員側の反応の食い違いは，大学教育に対するICTの適用の可能性と問題点について，基本的な問題を提起している，と見ることもできる。

　第1は，教員と学生が教室において対面し，相互に反応し合いながら授業を進める「対面授業」を，乗り越える技術にMOOCの技術が達しているのか，あるいは将来に達することができるのか，という点である。アメリカでは対面授業の効果と，遠隔教育の効果についての比較研究が行われていて，明確な結論は出ていないが，少なくとも対面授業との組み合わせ（blended）ではない，遠隔授業のみの効果が高いという結果は出ていない。

　第2は，学生の学習成果は，従来型の試験以外の手段をもって評価できるか否かには疑問が残る。また，特定の個別知識ではなく，一般能力（コンピテンス）についての評価は難しい。

　第3は，こうした授業は，特定の専門領域，特に情報技術関連の領域で，一定の教員の講義が特に優れた内容を持っていることが，その魅力の要因となっている。言い換えれば，学生の側に学習対象への極めて高い興味と学習のモチベーションが既に存在していることが前提となっている。こうした状況が，大学教育一般にどの程度に当てはまるかについ

ては疑問が残る。

　MOOC の試みは，特定の専門分野あるいは学生層において大きな影響を与えるものの，大学教育全般の在り方を大きく変えるものとはなり得ない，という見方も生じることになる。ただし，それが例えば情報化社会の担い手として重要な役割を果たす戦略的な人材を作ることにつながれば，その重要性が少なくないことであろう。

出典・参考文献

・AXIES 大学 ICT 推進協議会『高等教育機関における ICT の利活用に関する調査研究報告書』（第 2 版），2020年
・苑復傑「アメリカの高等教育と情報技術」『大学教育と IT』IDE，2000年
・苑復傑・中川一史『情報化社会におけるメディア教育』放送大学教育振興会，2020年
・益一哉「コロナ禍における新入生の受け入れと学びの確保」『コロナ禍と新入生受け入れ』IDE 現代の高等教育 No. 629，2021年
・東京大学，https://www.u-tokyo.ac.jp/ja/society/visit-lectures/mooc.html（2021.4.15取得）
・東京工業大学 OCW ホームページ，http://www.ocw.titech.ac.jp/（2021.4.15取得）
・MIT OCW：http://OCW.MIT.edu/about/（2021.4.15取得）
・Shulman, Lee S.（2004），"Visions of the Possible：Models for Campus Support of the Scholarship of Teaching and Learning", pp. 9-24 in Becker, William B. and Andrews, Moya L. eds. The Scholarship of Teaching and Learning in Higher Education．Bloomington：Indiana University Press.
・Elaine Allen et al．Changing Course：Ten Years of Tracking Online Education in the United States Babson Survey Research Group and Quahog Research Group,

LLC., 2013
・Stanford Center for Professional Development. http : //scpd.stanford.edu/about−us /directors（2021. 4. 15取得）
・Stanford Online Learning. http : //engineering.stanford.edu/education/life−long− learning（2021. 4. 15取得）
・The Open Education Consortium. http : //www.oeconsortium.org/（2021. 4. 15取 得）
・2020 OCW Impact Report
https : //ocw.mit.edu/about/site−statistics/2020_19_OCW_supporters_impact_re− port.pdf（2021. 4. 15取得）

索引

●配列は50音順

分担執筆者紹介 ▌

広瀬　洋子（ひろせ・ようこ）

・執筆章→9・14

1954年	神奈川県生まれ
1977年	慶応義塾大学文学部卒業
1985年	オックスフォード大学大学院社会人類学部，社会人類学修士号取得
	三菱化成生命科学研究所社会生命科学研究室特別研究員，放送教育開発センター，メディア教育開発センター研究開発部教授，総合研究大学院大学文化科学研究科教授（併任）を経て，現在，放送大学教養学部教授
研究テーマ	高等教育における多様な学生への支援・障害者支援
主な著書	『情報社会のユニバーサルデザイン』（共著，放送大学教育振興会，2019年） 『よくわかる！大学における障害者支援』（共著，ジアース教育新社，2018年）

辻　　靖彦（つじ・やすひこ）

・執筆章→13

1974年	埼玉県生まれ
1998年	東京工業大学工学部情報工学科卒業
2004年	東京工業大学大学院社会理工学研究科博士課程修了
2004年	信州大学高等教育システムセンター特別研究員，メディア教育開発センター准教授等を経て
現　在	放送大学教養学部准教授，日本女子大学非常勤講師
専　門	教育工学，高等教育，音楽教育
主な著書	『データベース』（編著，放送大学教育振興会，2017年） 『教育のためのICT活用』（共著，放送大学教育振興会，2017年） 『eラーニングの理論と実践』（共著，放送大学教育振興会，2012年）

編著者紹介

中川　一史（なかがわ・ひとし）
・執筆章→1〜8

1959年　　北海道生まれ
　　　　　小学校教諭，教育委員会，金沢大学助教授，メディア教育
　　　　　開発センター教授を経て現職
　　　　　博士（情報学）
専　攻　メディア教育，情報教育
主な著書　『小学校国語「学習者用デジタル教科書」徹底活用ガイ
　　　　　ド』（編著　明治図書）
　　　　　『GIGA スクール時代の学びを拓く！〜PC 1 人 1 台授業活
　　　　　用スタートブック〜』（共編著　ぎょうせい）
　　　　　『カリキュラム・マネジメントで実現する学びの未来』（共
　　　　　編著　翔泳社）など

苑　　復傑（YUAN fujie, えん・ふくけつ）
・執筆章→10〜12・15

1958年	北京市生まれ
1982年	北京大学　東方語言文学系卒業
1992年	広島大学大学院社会科学研究科博士課程単位取得満期退学
現　　在	放送大学教授，一橋大学客員教授
専　　攻	高等教育論・比較教育学・教育社会学
主な著書	『情報化社会におけるメディア教育』（共著，放送大学教育振興会，2020年）

『現代教育入門』（共著　放送大学教育振興会，2021年）

『よくわかる高等教育論』（共著　ミネルヴァ書房，2021年）

『教育のためのICT活用』（共著　放送大学教育振興会，2017年）

『国際流動化時代の高等教育』（共著　ミネルヴァ書房，2016年）

『情報化社会と教育』（共著　放送大学教育振興会，2014年）

『メディアと学校教育』（共著　放送大学教育振興会，2013年）

『現代アジアの教育計画』（共著　学文社，2006年）

『大学とキャンパスライフ』（共著　上智大学出版，2005年）

放送大学教材　1579339-1-2211（テレビ）

改訂版　教育のための ICT 活用

発　行　　2022年3月20日　第1刷

編著者　　中川一史・苑　復傑

発行所　　一般財団法人　放送大学教育振興会
　　　　　〒105-0001　東京都港区虎ノ門1-14-1　郵政福祉琴平ビル
　　　　　電話　03（3502）2750

市販用は放送大学教材と同じ内容です。定価はカバーに表示してあります。
落丁本・乱丁本はお取り替えいたします。

Printed in Japan　ISBN978-4-595-32351-5　C1355